# Pythonではじめる数理最適化

## ケーススタディでモデリングのスキルを身につけよう

岩永 二郎　石原 響太　西村 直樹　田中 一樹　共著

本書に掲載されている会社名・製品名は、一般に各社の登録商標または商標です。

本書を発行するにあたって、内容に誤りのないようできる限りの注意を払いましたが、本書の内容を適用した結果生じたこと、また、適用できなかった結果について、著者、出版社とも一切の責任を負いませんのでご了承ください。

# はじめに

　本書はプログラミング言語 Python を用いた数理最適化の実務への入門書で、ケーススタディを通して課題解決の方法を学ぶことができます。

　**数理最適化**は現実の課題解決を目的とする学問**オペレーションズ・リサーチ**の一分野であり、複数の選択肢から最適な意思決定をするための研究分野です。近年、統計学や機械学習は社会やビジネスへ適用され注目を集めていますが、数理最適化も同様に社会やビジネスの世界で活躍しており、大きなインパクトを与えています。

　一方で、数理最適化が統計学や機械学習に比べて一般にあまり知られておらず利用されていないことには、以下のような理由がありました。

1. 数理最適化の理論と実装の教育を受けられる環境が少ない
2. 数理最適化の技術を実務へ適用する機会が少ない
3. 現実問題を解ける性能のよい数理最適化のライブラリが手に入らない

　しかし 3. については、ここ数年で高性能かつ安定した無償のオープンソースライブラリが出てきたこともあり、このタイミングで本書の執筆を決めました。

## 本書の特徴

　オペレーションズ・リサーチの文脈において数理最適化を捉えると、次の 3 つのステップから構成されます。

**STEP 1**：現実の問題から数理モデルを構築する
**STEP 2**：アルゴリズムを用いて数理モデルから解を得る
**STEP 3**：現実の問題に解を適用する

　本書では、とくに **STEP 1** と **STEP 3** の解説に重点をおきました。数理最適化の書籍は多数ありますが、本書を執筆するにあたり、特色を出したのは次の 3 点です。

- 理論やアルゴリズムの解説は最低限に抑え、課題解決や実装にこだわった
- できるだけ身近で面白いケーススタディを選択し、数理最適化の有用性が理解しやすいように心がけた
- 実務をイメージできるように段階を踏んで実装し、検証していく書き方を採用した

そのため、課題解決に向かって実装していく際の試行錯誤が多分に盛り込まれています。一般的な書籍は最短で目的を達成できるような記述を心がけている場合が多いですが、実務において最小限の手間でよい結果が得られることはありません。むしろ最短で得られた結果は、回り道して得られる結果よりも情報量が少ないため危ういことに注意してください。

一方、**STEP 2** について最低限の内容に留めたため、理論や定義について厳密な説明がないことに違和感を覚える読者がいることを想定しています。その場合には、数理最適化や数理計画法に関する専門書にて学習する必要があることをあらかじめご了承ください。理論を学ぶ際の推薦図書は、巻末に記載しています。

## 必要な前提知識

本書を読むにあたっては、次の知識を前提とします。これらの知識に疎い場合には、他書と一緒に読むことをおすすめします。

- 高校数学（総和記号 $\sum$ がわかること）
- プログラミング言語 Python（基本文法がわかること）

## 本書の構成

本書の構成は次のようになっています。

第 I 部では、プログラミング言語 Python によるチュートリアルをできるだけ理論に触れずに行います。中学校で習う連立一次方程式から入り、高校数学の知識で十分に読める内容になっています。すべての読者が、本書の目玉であるケーススタディに至る前に力尽きることのないように配慮しました。

第 II 部は、身の回りの数理最適化問題をリアリティのあるケーススタディとして読者に伝えるため、実務で活躍している以下のメンバーで執筆しました。

| 章 | 題材 | 著者 | 所属 |
|---|---|---|---|
| 第 4 章 | 割引クーポンキャンペーンの効果最大化 | 西村直樹 | 株式会社リクルート |
| 第 5 章 | 輸送車両の配送計画 | 石原響太 | ALGORITHMIC NITROUS 株式会社 |
| 第 6 章 | 乗車グループ分け問題の API と Web アプリ作成 | 田中一樹 | 株式会社 ディー・エヌ・エー |
| 第 3、7 章 | 学校のクラス編成・商品推薦のためのスコアリング | 岩永二郎 | 株式会社エルデシュ |

　第 3 章では、学校のクラス編成の問題を扱います。読者の皆さんの多くは、過去にクラス替えの経験があると思います。自分自身が体験したことのある身近な話題を扱うので、数理最適化の入門としてとっつきやすい問題ではないでしょうか。ぜひ教員の方にも読んでほしい章です。

　続く第 4 章では、割引クーポンキャンペーンの効果最大化の問題を扱います。多くの方はクーポンを受け取る側かと思いますが、クーポンを発行する側がどのような工夫をしているのか、垣間見ることができます。企業のマーケティング担当者に読んでほしい章です。

　第 5 章では、輸送車両の配送計画の問題を扱います。オンラインストアが発展した現代において、消費者は簡単にモノを得ることができます。その舞台裏で課題となっているモノの輸送の問題を扱います。

　第 6 章は乗車グループ分けの問題を扱います。数理最適化の書籍としては珍しく、API と Web アプリの開発を学ぶことができます。数理最適化のエンジニアとして活躍している方に、業務の幅を広げるために読んでほしい章です。

　第 7 章では、商品推薦のためのスコアリングの問題を扱います。モデリング言語を使わずに、最適化問題を行列とベクトルを用いて扱う方法を学ぶことができます。制約付きの機械学習として捉えることもできる面白い問題なので、機械学習のエンジニアとして活躍している方に読んでほしい章です。

本書はプログラミング言語 Python を利用して、現実の数理最適化問題をどのように解くかという実務的な観点で執筆しています。本書が数理最適化に興味をもつ実務家、データサイエンティスト、研究者、教育者、学生の皆さまの糧になり、1 つでも多くの社会課題やビジネス課題が数理最適化によって解決されることを願います。

　なお、本書の巻末には、Appendix として本書内で使用している関数やメソッドの早見表を掲載したので、適宜参照しながら読み進めてください。早見表の説明はわかりやすさを重視した簡単なものに留めているので、仕様は公式の help やドキュメントで確認してください。

　最後に、本書の作成にあたり、原稿の校正やプログラムの動作確認をしていただきました筑波大学社会工学部の吉田晏大さん、株式会社 NTT データ数理システムの島田直樹さんには大変なご協力をいただきました。清水裕介さんと石浦愛さんには、クラス分け実務の一般的な考え方を教えていただきました。また、大阪大学の梅谷俊治先生には、帯の推薦文を書いていただきました。そしてオーム社編集局の皆さまには長い目で応援していただきましたおかげで、本書を書き上げることができました。この場を借りて感謝いたします。

　　2021 年 8 月

　　　　　　　　　　　　　　　　　　　　　　　　　　　　　　著者一同

# 目次

# 第Ⅰ部

# 数理最適化
# チュートリアル

　第Ⅰ部は、第1章と第2章からなるチュートリアルです。プログラミング言語 Python による数理最適化を、できるだけ理論に触れずに解説します。

　第1章「数理モデルとは」では、数理モデルを扱う実務家にとって大事な考え方、つまり「数理モデルと現実世界とのギャップを認識すること」について触れます。また、数理モデルとして本書で取り上げる数理最適化モデルの簡単な話もします。

　第2章「Python 数理最適化チュートリアル」では、皆さんが中学校で習う連立一次方程式、および高校で習う線形計画問題（数学Ⅱ「領域の最大・最小」）を例にとり、Python による実装方法について説明します。数理最適化モデルとしての難しさを意識せずに、Python だけに集中して使い方を学ぶことができます。

　それでは本編に入っていきましょう。

# 数理モデルとは

　本章では、数理モデルとはなにかを簡単に説明し、数理モデルを扱う扱う実務家として大事な考え方について触れます。

　**数理モデル**とは、「対象を数学によって記述したモデル」です。数学で記述されたものを現実世界へ適用する際に最も重要なことは、現実世界と数理モデルとのギャップを認識することです。ここでは、数理モデルとはなにかを簡単に説明したのち、具体例を挙げてモデルと現実の差違について説明します。また、数理モデルとして本書で取り上げる数理最適化モデルの簡単な話もします。「数理最適化モデルを現実世界に適用する」という行為について理解を深めることが、本章の目的です。

## 1.1　数理モデルの最も簡単な例

　まず、数理モデルを簡単な例で説明しましょう。「数理モデル」という字面を見ると難しく考えてしまいがちですが、実は皆さんの身近にも多くの数理モデルがあります。

　たとえば**定量化**は、最も身近な数理モデルです。皆さんは学校で実施される試験を受けたことがあるでしょう。教育の目的の1つとして学力を身につけることが挙げられますが、学力試験を実施して得られた「点数」は、はたして学力そのものと言えるのでしょうか。一般に「学力」と「点数」を同じものとして扱いますが、本来は明確に区別されるべきものです。「点数」は「学力そのもの」ではなく「学力をある1つの見方によって観測し定量化したもの」、つまり点数とは学力を近似した数理モデルになります。

　なぜ「学力」と「点数」を分けて考える必要があるのか考えてみましょう。

　みなさんは、学力と点数の関係について違和感を覚えた経験はありませんか？　というのは、試験の点数が高いからといって学力が身についているとはかぎらないからです。

　試験の点数による評価が重要である仕組みにおいて、多くの人がさまざまな「工夫」をして点数をとろうとします。その結果、「試験の点数はとれるものの、仕事や研究などの本番になると実力不足を感じる」というズレが生じることがあります。これは試験の点数が学力そのものではなく、あくまで近似した数理モデルに過ぎないために生じるズレです。学力を身につけることを目的としない点数だけを上げる工夫は、数理モデル上で数字をこねくり回しているに過ぎない、と認識しておくとよいでしょう。

　ここでは学力と点数の例を挙げましたが、一般に **KPI**（Key Performance Indicator：重要業績評価指標）を扱う際には、同様の議論があります。目標となる状態を目指してプロジェクトを進める際に、そのプロジェクトが健全に進んでいるかどうかをモニタリングするため、KPI を設定する場合があります。しかし「KPI は改善されているにも関わらず、まったく目標となる状態に近づいている気がしない」という経験をした人も少なからずいるのではないでしょうか。

　このような背景には、先に説明した現実と数理モデルのギャップの問題が隠れていることがあります。現実と数理モデルのギャップを意識できる人は、実務において価値のある仕事ができます。一方で、現実と数理モデルのギャップを捉えきれずに苦労する実務家は多くいます。ぜひとも若い人には数理モデルの学び方として意識してほしい点です。

　さて、数理モデルの簡単な例である学力と点数の話を通して、現実と数理モデルのギャップを意識することが重要なことを述べました。次に、そもそもモデルとはなにかについて考えてみましょう。

## 1.2　モデル

　**モデル**には「模型」と「見本」という 2 つの意味があります。前者は本物を近似して簡略化したものを通して現象を理解しようという考え方で、後者は見本となるモデルに倣って意思決定するという考え方です。この 2 つの考え方には大きな違いがありますが、この違いが認識できないと実務で苦労したり、なかなか成果につながらなかったりする印象があります。

学力と試験の点数の例を振り返りましょう。学力を数理モデリングして定量化したものが点数であると述べましたが、この定量化した点数のことを「模型」と捉えることができます。学力という抽象的なものを近似的に具体化した模型が点数というわけです。一方、モデルを見本と捉えた場合、点数が上がったという事実から学力が向上したと判断することができます。

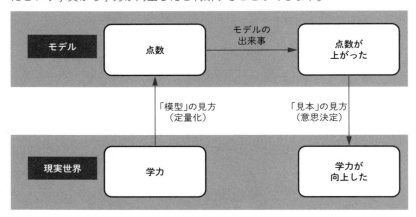

　しかしこの判断は「学力を数理モデリングすると完全に試験の点数に一致する」という暗黙の仮定をしています。この判断は正しいのでしょうか？　小手先のテクニックを用いて試験の点数が上がったときや、そもそも試験の問題が悪かった場合、このような判断は難しくなります。筆者を含め多くの人は「学力を点数で測る」という経験をしてきたため、なにも考えずに「点数が上がったら学力が向上した」と判断しがちです。実務では、このような思い込みを意識的に排除し現象と数理モデルのギャップを認識できる人ほど、その場面に合った数理モデルを構築でき、結果的によい仕事につながる傾向があります。

　現実の問題を数理モデリングすると通常は近似が起き、扱う対象によってギャップが大きかったり、小さかったりします。実務ではできるだけ現実に近い数理モデルを構築することは大事ですが、それ以上に現実への適用に耐えうることが重要です。

　先の学力と試験の点数の例では、現象と数理モデルの間にギャップがあることを認めたうえで、実際の教育の現場に適用できるかどうかが問題です。つまり、点数を目標におくことで多くの人が学力向上に向かって意図した方向に動いてくれる、ということが大事です。

　不適切なモデルを適用すると意図しない状態が生まれます。多くの企業で目標設計に苦労するのはこのためです。KPI として数値目標を設定することはとてもよいことですが、経営側の意図したように現場のメンバーが動いてくれないことは往々にしてあります。数理モデルの現実への適用可否の塩梅が、実務おいて成否を決定づけることになります。

# 1.3　数理モデル

　ここでは数理モデルについて詳しく解説します。

　**数理モデル**とは、対象を数学によって記述したモデルを指します。科学全般で利用され、自然科学だけでなく、人文科学や社会科学でも使われます。とくにデータがあればモデル化を検討できる点で、統計的な数理モデルはよく利用されます。

　近年、データを取得できる機会が増えたため、データさえあれば数学的に弱い仮定でもモデル化できる機械学習の手法が頻繁に使われるようになりました。また、興味の対象に明確な構造がある場合には、数理最適化やシミュレーション、微分方程式などの数学的に強い仮定をもつモデル化も使われています。本書では、とくに数理最適化の数理モデルについて取り上げます。

　さて、モデルには「模型」と「見本」という考え方があることを説明しました。前者の意味で数理モデルを解釈すると「現実を近似して簡略化した模型が数理モデル」であるということになり、後者の意味で数理モデルを解釈すると「数理モデルを見本として現実に適用する」という考え方になります。実務では前者の意味で数理モデルを構築し、後者の意味で数理モデルが導き出したアウトプットをもとに意思決定をします。さきほどは学力と試験の点数の例で「模型」と「見本」の考え方を説明し、モデルの現実への適用可否について説明しましたが、実務では数理モデルの現実への適用は慎重にする必要があります。

　私がよく引用する例に、オペレーションズ・リサーチの大家、今野浩先生『金融工学 20 年―20 世紀エンジニアの冒険―』の 78 ページに次のような話があります。

物理現象と違って、経済検証には様々な要因が複雑に絡みあっている。理工系の人間から見ると、どこから手を付けてよいかわからないほど複雑である。ちなみに大数学者バートランド・ラッセルは、「経済学は自分には難しすぎる」と言ったそうである。

ところが経済学者は、この複雑な問題に大胆な単純化を施し、その本質部分を暴き出してみせる。その能力に対して、私は最高の賛辞を惜しまない。しかしそれらの理論は、現実の経済現象を十分な精度で説明できるとは限らない。理論を組み立てた人たちは、その限界を知っている。したがってこういう人たちは、この理論の現実への応用については十分な謙虚さを備えている。

しかし、教科書を通じてこの理論を学んだ人々の中には、それを過信する人が現れる。こんな素晴らしい理論があるのだから、現実はこの理論通りに動いて欲しい、いや動いているにちがいない、と信じるのである。この結果これらの人々の間では、「この理論は正しいことにしましょう」という合意が成立し、強固な連帯感が生まれる。

現象から生まれた理論を実務に適用する際には注意が必要です。我々が扱っている現実の問題と数理モデルとの間にどのようなギャップがあるかを認識し、とくに意思決定につなげる際には、数理モデルの現実への適用可否を判断する必要があります。これがモデリングの基本的で最も重要な考え方です。

## 1.4　数理最適化モデル

第1章の最後に、本書で取り上げる数理モデルとして**数理最適化モデル**を説明します。本来は数学的に定義することが好ましいのですが、ここで厳密な定義を並べ立てることで皆さんが力尽きてしまっては困るので、できるだけ簡単な説明に留めて次章につなぎます。ここでは、どのような場面で数理最適化モデルが利用されているかをイメージできるようになれば十分です。

数理最適化モデルを利用する目的は、**数ある選択肢のなかから最適な選択を見つける**ことです。ここで"最適"とは、「モデル化された世界の基準で最適」であることを指します。以下に2つほど例を挙げてみます。

1つめの例は**経路選択**の問題です。

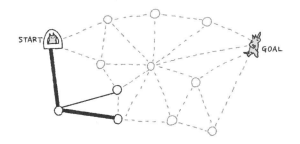

　A 地点から B 地点に向かうときに複数の経路があったとしましょう。この経路選択にはさまざまな基準が考えられ、最短距離や最短時間、最安値の経路などがあります。すべての経路が列挙できていて、その経路ごとに距離や時間、料金がわかっていれば、最適な経路を見つけることができそうです。

　数理最適化モデルとは、このように複数の選択肢が与えられたとき、ある基準のもとで最適な選択肢を選ぶものです。この例は、経路案内アプリなどで皆さんにとっても身近でイメージしやすい数理最適化モデルの 1 つでしょう。

　一方で、突発的な事故などで特定の経路が利用できなくなると、数理最適化モデルがアウトプットした最適経路が現実では採用できなくなってしまう場合があります。これは、ここまで何度も述べてきたモデルと現実のギャップです。このように実際の実務ではさまざまな想定外の事件が起き、数理モデルの限界を感じることがたびたび起こります。

　さて、数理最適化モデルの 2 つめの例は、**ナップサック問題**と呼ばれる問題です。ナップサック問題とは、重さや価値の異なる複数の品物があるときに、ナップサックに収まる範囲で品物の価値を最大化する問題を指します。

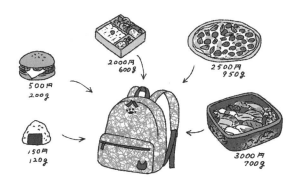

皆さんのなかには「遠足のおやつは 200 円まで」という文化で育った人がいるのではないでしょうか。近年はこの文化がなくなりつつあるようですが、私が子どものころには一大イベントでした。「先生、バナナはおやつに入りますか？」の質問に始まり、予算内で収まるおやつの組合せに頭を悩ませたものです。スナック菓子を買うか、それとも駄菓子とガムを買うかなど子どもながらにトレードオフを考えました。いま思えば、きちんとおやつの定義を確認したうえで最も満足感のあるおやつの組合せを考えていたわけですから、立派に数理最適化モデリングしていたわけです。

　こういったトレードオフの難しさや組合せ的な難しさは、数理最適化モデルが必ずぶつかる課題です。上記のような遠足のおやつの例であれば、予算とおやつの価格は明確に定義できますが、"満足感"というふわっとした感性を定量化するのは難しい問題です。いくら数理モデルを正確に設計したとしても、数理モデルの入力に近似的な要素が入っていれば、現実と数理モデルとの間にギャップが生まれます。すると数理モデルがアウトプットした最適解は、必ずしも現実では最適な選択肢にならないことが理解できるでしょう。

# 1.5　第 1 章のまとめ

　第 1 章では、実務で数理モデルを利用するための重要な心構えについて触れました。ここでまとめておきます。

　まず、数理モデルとは対象を数学によって記述したモデルを指しており、「模型」と「見本」という 2 つの意味があります。現実の問題を簡略化した模型を通して現象を理解し、見本に倣って意思決定につなげるという一連の使い方をします。現実世界に数理モデルを適用する際には、現実世界と数理モデルとのギャップを認識することが重要で、現実への適用可否の塩梅が実務において成否を決めます。

　また、数理最適化モデルには「複数の選択肢から特定の基準のもとで最適な選択肢を選ぶ」という特徴があり、その選択の際に組合せ的な難しさやトレードオフの難しさが含まれることを、具体例によって説明しました。

　次章からは、Python を使って実際に数理最適化モデルを解いていきます。

# Python 数理最適化チュートリアル

　本章では、プログラミング言語 Python を利用して数理最適化問題を解く方法を説明します。皆さんが中学生で習う二次方程式、および高校生で習う線形計画問題を例とするので、数学の難しさを意識せずに Python だけに集中して基本的な使い方を学ぶことができます。

　本書に掲載されているコードを実行するためには、以下の環境が必要になります。

- Python の**対話型実行環境**（**JupyterLab**、**Jupyter Notebook** など）をインストールしていること
- Python3 をインストールしていること
- Python3 のライブラリを pip、conda などの方法でインストールできること

とくに科学技術計算を中心とした Python ディストリビューションである**Anaconda** をインストールすると、上記の環境がすべて構築されます。本書では上記の環境構築方法、および利用方法については詳しく触れません。読者の皆さんの OS に合わせてインストールし、実行環境を整備してください。

　なお、本書で説明するコードは、次ページの表に示す環境で実行できることを確認しています。

| 分類 | パッケージ名 | バージョン |
|---|---|---|
| プログラミング言語 | Python3 | 3.7, 3.8 |
| 対話型実行環境 | jupyter | 1.0.0 |
| | ipython | 7.22.0 |
| | notebook | 6.3.0 |
| データ処理 | pandas | 1.2.4 |
| 数理最適化 | cvxopt | 1.2.6 |
| | pulp | 2.4 |
| 並列処理 | joblib | 0.14.1 |
| データ可視化 | matplotlib | 3.3.4 |
| | seaborn | 0.11.1 |
| 科学技術計算 | numpy | 1.20.1 |
| Web アプリケーションフレームワーク | flask | 2.0.1 |
| HTML の処理 | lxml | 4.6.3 |
| HTTP リクエスト | requests | 2.25.1 |

　チュートリアルでは、Python の対話型実行環境と Python 言語のインストール、および Python ライブラリの pandas と PuLP のインストールをしておく必要があります。

　本書で用いるコードやデータは以下のサポートページで公開されています。

• https://github.com/ohmsha/PyOptBook

　読み進めるうえで必要となるコードは本文中にすべて記載してありますが、データはあらかじめダウンロードする必要があります。ダウンロードしたデーター式のフォルダ構成は、次のようになっています。

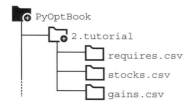

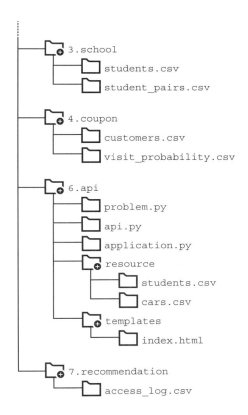

```
        ┌─ 3.school
        │      ├─ students.csv
        │      └─ student_pairs.csv
        │
        ├─ 4.coupon
        │      ├─ customers.csv
        │      └─ visit_probability.csv
        │
        ├─ 6.api
        │      ├─ problem.py
        │      ├─ api.py
        │      ├─ application.py
        │      ├─ resource
        │      │      ├─ students.csv
        │      │      └─ cars.csv
        │      └─ templates
        │             └─ index.html
        │
        └─ 7.recommendation
               └─ access_log.csv
```

　第 I 部の本章で利用するフォルダは、2.tutorial です。その他のフォルダは第 II 部で利用します。フォルダの各接頭辞の番号は、第 II 部のケーススタディの章番号と対応しています。また、各章においてコードを実行する際には、データと同じフォルダに notebook ファイル（拡張子 ipynb）を作成することを前提に書かれています。notebook をデータと異なるフォルダに作成してコードを実行する場合には、データを読み込む際のパスに注意してコードを書き換えてください。

　最後に、本書のコードは Jupyter Notebook の形式を模していて、コードの入力と対応する出力をそれぞれ次のように表記しています。

```
1 + 1                                                      } in
```
```
2                                                          } out
```

　本来、Jupyter Notebook では `print` 文などの出力は `Out` の中に出力されないのですが、本書では便宜上、出力されるものはすべて `Out` の中に書きます。そのため、Jupyter Notebook と本書で実行結果の見た目が異なる場合があることに注意してください。

## 2.1 連立一次方程式を Python の数理最適化ライブラリで解く

　本節から、具体的なコードを実行しながら数理最適化を学んでいきます。まだ Python の対話型実行環境（JupyterLab、Jupyter Notebook など）と Python3 をインストールしていない人は、ここでインストールしてください。また、本節では次の Python ライブラリをインストールしておく必要があります。

・PuLP

　**PuLP** とは数理モデリングのためのライブラリで、数理最適化問題を解くことができます。以下を読み進める前に、`pip` インストール、`conda` インストール、その他のインストール方法で、皆さんの環境に PuLP をインストールしてください。

　さて、皆さんは中学生のころに習った**連立一次方程式**を覚えていますか？ここでは連立一次方程式を数理最適化の Python ライブラリを使って解く方法を紹介します。本来の数理最適化のライブラリの使い方とは少し異なりますが、数理モデルを初めて実装するにはとてもよい題材なので採用しました。まずは、次の問題を解いてみましょう。

> **【問題】**
> 1 個 120 円のりんごと 1 個 150 円のなしを合わせて 10 個買ったら、代金の合計が 1,440 円でした。りんごとなしを、それぞれ何個買ったでしょうか。

まずはプログラムのことは考えずに、式を立てて解いてみてください。よくよく考えるとこのような状況は現実的ではないなと思いつつも、次のような解答を書いたことでしょう。

【解答】

りんごの個数を $x$、なしの個数を $y$ として連立一次方程式を立てると

$$120x + 150y = 1440$$
$$x + y = 10$$

となる。これを解くと

$$x = 2$$
$$y = 8$$

であるので、りんごを 2 個、なしを 8 個買ったことがわかる。

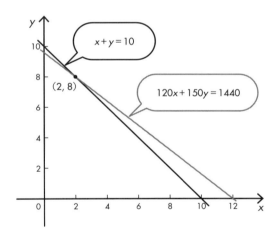

この問題を Python で解く前に、数理モデリングの話もしておきましょう。【解答】において、連立一次方程式

$$120x + 150y = 1440$$
$$x + y = 10$$

を組み立てましたが、この定式化こそが数理モデルに当たります。本書を通じて解説する数理最適化モデルは、基本的にこの定式化の延長です。とくに難しい数学の知識は必要ありませんので、ご安心ください。

さて、いよいよ Python ライブラリ PuLP を利用して、連立一次方程式を解いてみましょう。必要に応じて、pip インストールや conda インストール[†1]で Python ライブラリ PuLP をインストールしておいてください。

さっそくですが、Jupyter を開いて次のコマンドを実行してください。内容がわからなくとも、写経するつもりでコマンドを書いてかまいません。方程式を定義する箇所など、いくつか想像がつくと思います。

```python
import pulp

problem = pulp.LpProblem('SLE', pulp.LpMaximize)

x = pulp.LpVariable('x', cat='Continuous')
y = pulp.LpVariable('y', cat='Continuous')

problem += 120 * x + 150 * y == 1440
problem += x + y == 10

status = problem.solve()

print('Status:', pulp.LpStatus[status])
print('x=', x.value(), 'y=', y.value())
```

```
Status: Optimal
x= 2.0 y= 8.0
```

上記のコードを実行すると、方程式の解が得られることを確認できます。以下に簡単に解説をします。まず

```
import pulp
```

で Python ライブラリ PuLP の取り込みをします。その次の

---

[†1] Windows OS で Anaconda を利用しているユーザーは、conda インストールではなくpip インストールを利用してください。conda インストールをするとデフォルトでインストールされるソルバーが CBC ではなく GLPK となる場合があるためです。

```
problem = pulp.LpProblem('SLE', pulp.LpMaximize)
```

は、数理モデルを定義しています。pulp.LpProblem の第 1 引数 'SLE' は
任意の名前でよいので、ここでは連立一次方程式（Simultaneous Linear Equa-
tions）にちなんで SLE と名前をつけました。

　第 2 引数 pulp.LpMaximize にて最大化問題を解くという指定をしていま
すが、本問題は連立一次方程式を解くものなので、今回はとくに意味はありま
せん。本節ではおまじないと解釈してください。次の 2.2 節では実際に最大化
問題を定義します。

　連立一次方程式は、のちほど解説する「線形計画問題の目的関数が定数の場
合」に含まれるため、一般に線形計画問題（後述）として解くことが可能です。

```
x = pulp.LpVariable('x', cat='Continuous')
y = pulp.LpVariable('y', cat='Continuous')
```

は、変数 $x$ と $y$ を pulp.LpVariable 関数を用いて定義しています。第 1 引
数の x や y は任意の名前でよいので、わかりやすさのためにそのまま x と y
としています。第 2 引数の cat='Continuous' は、その変数が連続変数で
あること、つまり実数値をとることを指定しています。続けて

```
problem += 120 * x + 150 * y == 1440
problem += x + y == 10
```

は、連立一次方程式を定義している箇所になります。

　このとき、数理モデル problem に加算演算代入子+=で制約式を加えている
ことに注意してください。また、problem に加えている右辺 120 * x +
150 * y == 1440 や x + y == 10 は、プログラムに詳しい人にとっては
True か False となっているように見えると思いますが、実際には制約式が
代入されます。Python 上で制約式を定義するため、癖のある書き方になりま
すが、先に定義した数理モデル problem に式を追加する操作になります。

　PuLP では上記のように制約式を定義する方法が推奨されていますが、
addConstraint メソッドを利用して定義する方法もあります。具体的には
problem += 120 * x + 150 * y == 1440 は problem.addConstraint
(120 * x + 150 * y == 1440)で書き換えることができます。

```
status = problem.solve()
```

は、定義した数理モデルを解く箇所になります。解けたか解けなかったかの情報が status に返ります。

```
print('Status:', pulp.LpStatus[status])
```

```
Status: Optimal
```

で、最適化計算をした結果、最適解（Optimal）が得られたことがわかります。また

```
print('x=', x.value(), 'y=', y.value())
```

```
x= 2.0 y= 8.0
```

にて、連立一次方程式を解いた結果 $x = 2$、$y = 8$ であることがわかりました。

いかがでしょうか？　数理モデルを作ることや解くことは意外と簡単だ、ということが伝わったかと思います。

## 2.2 線形計画問題を Python の数理最適化ライブラリで解く

さて、次は線形計画問題の例です。線形計画問題は、高校数学の数学 II の「**領域の最大・最小**」で出てくるものです。問題を見れば思い出す人もいるのではないでしょうか。数理モデリングの観点では、連立一次方程式の延長で簡単に理解できるので採用しました。線形計画問題自体については本節後半で説明するので、まずはこのまま読み進めてください。

ここからが Python ライブラリ PuLP の本領を発揮する内容になります。次の問題を解いてみましょう。

**【問題】**

ある工場では製品 $p$ と $q$ を製造しています。製品 $p$ と $q$ を製造するには原料 $m$ と $n$ が必要で、次のことがわかっています。

・製品 $p$ を 1 kg 製造するには原料 $m$ が 1 kg、原料 $n$ が 2 kg 必要である。
・製品 $q$ を 1 kg 製造するには原料 $m$ が 3 kg、原料 $n$ が 1 kg 必要である。
・原料 $m$ の在庫は 30 kg、原料 $n$ の在庫は 40 kg である。
・単位量あたりの利得は、製品 $p$ は 1 万円、製品 $q$ は 2 万円である。

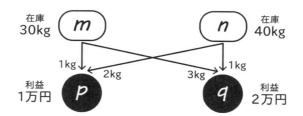

この条件で利得を最大にするためには、製品 $p$ と $q$ をそれぞれ何 kg 製造すればよいでしょうか。

---

**【解答】**

製品 $p$ の製造量を $x$ kg、製品 $q$ の製造量を $y$ kg とすると

$$x + 3y \leq 30$$
$$2x + y \leq 40$$
$$x \geq 0,\ y \geq 0$$

の条件のもとで、利得の合計 $x + 2y$ を最大化すればよい。

（省略）

これを解くと、$x = 18$、$y = 4$ となるので、製品 $p$ を 18 kg、製品 $q$ を 4 kg を製造すればよいことがわかる。

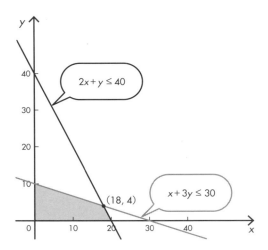

　上記の【解答】では定式化を解く部分を（省略）としましたが、高校数学の範囲ではグラフで $x$ と $y$ が動く領域（灰色の部分）を作図して求め、そのなかで関数 $x+2y$ が最大となる $x$ と $y$ を求めることになります。ここで、線形計画問題と連立一次方程式と異なる箇所として、次の2点を確認してください。

・不等号（≤）を用いて $x$ と $y$ の領域を限定する
・特定の関数（$x+2y$）を最大化する

　読者の皆さんは解けましたか？　高校数学における解き方は教科書に譲るとして、本書では Python でどのように解くか解説します。再度、Jupyter を開いて次のコマンドを実行してください。入力の際、コードがさきほど解いた連立一次方程式のケースとよく似ていることを確認してください。なお、連立一次方程式の定式化において使用した等号==が、今回は不等式<=や>=になっていることに注意してください。

```
import pulp

problem = pulp.LpProblem('LP', pulp.LpMaximize)

x = pulp.LpVariable('x', cat='Continuous')
y = pulp.LpVariable('y', cat='Continuous')
```

```
problem += 1 * x + 3 * y <= 30
problem += 2 * x + 1 * y <= 40
problem += x >= 0
problem += y >= 0
problem += x + 2 * y

status = problem.solve()

print('Status:', pulp.LpStatus[status])
print('x=', x.value(), 'y=', y.value(), 'obj=', prob ↵
lem.objective.value())
```

```
Status: Optimal
x= 18.0 y= 4.0 obj= 26.0
```

　上記のコードを実行すると解が得られることを確認できます。以下に簡単に
解説します。なお、上コードの下から 2 行目の右端にある矢印は、この行が
次の行に続くことを意味しています。

```
import pulp
```

にて Python ライブラリ PuLP の取り込みをします。

```
problem = pulp.LpProblem('LP', pulp.LpMaximize)
```

は、数理モデルを定義しています。pulp.LpProblem の第 1 引数 'LP' は任
意の名前でよいので、ここでは線形計画問題（Linear Programming）にちな
んで LP と名前をつけました。第 2 引数 pulp.LpMaximize は最大化問題を
解くことを指定しています。

```
x = pulp.LpVariable('x', cat='Continuous')
y = pulp.LpVariable('y', cat='Continuous')
```

は、変数 $x$ と $y$ を pulp.LpVariable 関数を用いて定義しています。第 1 引
数の x や y は任意の名前でよいので、わかりやすさのためにそのまま x、y と

しています。第2引数の`cat='Continuous'`はその変数が連続変数であること、つまり実数値をとることを指定しています。

```
problem += 1 * x + 3 * y <= 30
problem += 2 * x + 1 * y <= 40
problem += x >= 0
problem += y >= 0
```

は、線形計画問題の条件式を定義している箇所になります。数理モデル`problem`に対して制約式を追加します。このとき、`+=`演算の右辺が`<=`付きの制約式であることに注意してください。

```
problem += x + 2 * y
```

は、数理モデル`problem`の目的関数を定義しています。ここで、`+=`演算子の右辺が制約式ではなく関数の形（`<=`や`==`を含まない）をしていることに注意してください。`problem`は`+=`演算子の右辺が制約であれば制約を追加し、右辺が関数であれば目的関数を定義します。こちらに違和感がある人は`setObjective`メソッドを利用して`problem.setObjective(x + 2 * y)`や、単に`problem.objective = x + 2 * y`で定義することもできます。

```
status = problem.solve()
```

は、定義した数理モデルを解く箇所になります。解けたか解けなかったかの情報が`status`に返ります。

```
print('Status:', pulp.LpStatus[status])
print('x=', x.value(), 'y=', y.value(), 'obj=', prob ↵
lem.objective.value())
```

```
Status: Optimal
x= 18.0 y= 4.0 obj= 26.0
```

　上記の出力から、線形計画問題を解いた結果、$x=18$、$y=4$であることがわかりました。`obj=26`は最大化しようとした利益の関数値です。$x+2y$に

$x = 18$、$y = 4$ を代入すると、$x + 2y = 26$ になることが確認できます。以上から、製品 $p$ を 18 kg、製品 $q$ を 4 kg 生産すると利得が最大になることがわかりました。

　いかがでしょうか。線形計画問題を解くための実装は、連立一次方程式を解くための実装とさほど変わらないと感じたのではないでしょうか？

　さて、さきほど「線形計画問題」を説明せずに取り上げましたが、最後に線形計画問題を含む数理最適化モデルのクラスについて触れます。ライブラリを利用して数理最適化モデルを解く場合、数理最適化モデルにあったライブラリを選択する必要があります。これは、数理最適化モデルを解くためのアルゴリズムが数理最適化モデルのクラスによって異なるためです。もちろん、すべての数理最適化モデルが既存のライブラリで解けるわけではないこと、解けたとしても現実的な時間内に解けるわけではないことを覚えておきましょう。

　詳細な説明は他書に譲るとして、本書を読むために必要な知識は、次の 4 つの数理最適化モデルのクラスに関するものです。明確な定義はさておき、それぞれの違いのみを以下に述べます。

- **線 形 計 画 問 題**：変数が実数値をとる問題。生産量（0.3 kg などを許す）を決める場合など。
- **整 数 計 画 問 題**：変数が整数値をとる問題。個数（0.5 個などは許されない）を決める場合など。
- **混合整数計画問題**：整数計画問題の一部の変数が実数値をとる問題。個数（0.5 個などは許されない）と同時に生産量（0.3 kg などを許す）を決める場合など。
- **0-1 整数計画問題**：変数が 0 か 1 をとる問題。割り当て（1 で割り当てる、0 で割り当てない）を決める場合など。
- **凸二次計画問題**：目的関数に凸な二次関数が現れる問題。二乗誤差を最小化する場合など。

　ここでは「制約式はすべて一次式である」などの定義は書いていないので、気になる読者は他書にて確認をしてください。さしあたり本書を読むには、上記の数理最適化モデルの違いがわかれば十分です。

## 2.3 規模の大きな数理最適化問題を Python の数理最適化ライブラリで解く

本節では次の Python ライブラリをインストールしておく必要があります。

・pandas

**pandas** はデータフレームという 2 次元の表形式のデータを処理するための
ライブラリで、データの入出力や統計的処理などが行えます。読み進める前に
インストールしてください。

前節では、数理最適化問題として線形計画問題を解きました。さきほどの問
題は 2 つの変数と 4 つの制約式をもつ問題でしたが、実務では変数の数と制
約式の数は非常に多くなります。変数について数千変数〜数万変数の問題を解
くケースはよく目につきますが、大規模な線形計画問題では 100 万変数の問
題を数理最適化のライブラリを利用して解くこともあります。

これまでの方法では、変数や制約式を 1 行に 1 つ定義していました。その
ため、変数が 100 万の規模になってしまったら 100 万行の変数を定義する必
要があります。実務ではこのような変数のベタ書きは現実的ではありません。

以下では、変数や制約式の定義をその数だけ 1 つずつ定義するのではなく、
まとめて定義する方法について解説します。変数や制約式の定義をまとめてす
るのは、次の 2 つの理由があります。

・コード量を減らすため
・汎用性を保つため

1 つめの「コード量を減らすため」というのは、上記で解説したとおりで
す。コードの行数が減ることでファイルサイズが小さくなるだけでなく、保守
運用もしやすくなります。一方、2 つめの「汎用性を保つため」というのは、
少し解説が必要です。

たとえば、変数の数が増減する度に変数をベタ書きした箇所の修正をしなけ
ればならず、また、制約式に利用する定数（入力データ）が変更になった場合
には、制約式をベタ書きしている箇所をすべて書き換えなければなりません。
これは実務において現実的ではありません。1 つめの「コード量を減らす」こ
との必要性はわかりやすいと思いますが、実務では 2 つめの「汎用性を保つ」

ことがより重要になります。以下では、汎用的な数理最適化モデルの定義のし
かたを解説します。

　本章で利用するデータとソースコード一式は、ダウンロードしたフォルダ
PyOptBook の 2.tutorial 以下に置いてあります。フォルダ構成は次のよ
うになっています。

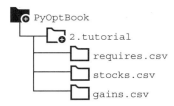

では、さきほどの線形計画問題を拡張します。

---

【問題】

ある工場では製品 $p1$、$p2$、$p3$、$p4$ の 4 種類を製造しています。製品 $p1$、
$p2$、$p3$、$p4$ の製造には、原料 $m1$、$m2$、$m3$ の 3 種類が必要です。また、
その量はファイル requires.csv に記述されています。requires.csv
は次のようなファイルです。

```
p,m,require
p1,m1,2
p1,m2,0
p1,m3,1
p2,m1,3
p2,m2,2
p2,m3,0
p3,m1,0
p3,m2,2
p3,m3,2
p4,m1,2
p4,m2,2
p4,m3,2
```

本データの 2 行目〜4 行目は、製品 $p1$ を 1 kg 製造するには原料 $m1$ が
2 kg、原料 $m2$ が 0 kg、原料 $m3$ が 1 kg 必要であることを表しています。
また、原料 $m1$、$m2$、$m3$ の在庫は stocks.csv に記述されています。
stocks.csv は次のようなファイルです。

```
m,stock
m1,35
m2,22
m3,27
```

本データの 2 行目は、原料 $m1$ の在庫は 35 kg であることを表しています。最後に、製品 $p1$、$p2$、$p3$、$p4$ を生産した際の利得は gains.csv に記述されています。gains.csv は次のようなファイルです。

```
p,gain
p1,3
p2,4
p3,4
p4,5
```

本データの 2 行目のデータは、製品 $p1$ の利得は 3 万円であることを表しています。このとき、利得を最大にするためには、製品 $p1$、$p2$、$p3$、$p4$ をそれぞれ何 kg 製造すればよいでしょうか。

さて、上記の線形計画問題を数理モデリングしてみましょう。線形計画問題を数理モデリングするためには、**リスト・定数・変数**を準備したうえで、**制約式**と**目的関数**を定める必要があります。数理モデルを関数として捉えると、リストと定数は入力に対応し、変数は決定したい対象、すなわち出力に対応します。一方で、制約式と目的関数は関数定義に当たります。

- **リスト**

  $P$：製品のリスト

  $M$：原料のリスト

- **定数**

  $stock_m$ （$m \in M$）：原料 $m$ の在庫量

  $require_{p,m}$ （$p \in P, m \in M$）：製品 $p$ を生産するのに必要な原料 $m$ の量

  $gain_p$ （$p \in P$）：製品 $p$ を生産した際の利得

- **変数**

  $x_p$ （$p \in P$）：製品 $p$ の生産量

・**制約式**

$x_p \geq 0 \quad (p \in P)$：製品 $p$ の生産量は 0 以上

$\Sigma_{p \in P} \, require_{p,m} \cdot x_p \leq stock_m \quad (m \in M)$：生産は在庫の範囲で行う

・**目的関数（最大化）**

$\Sigma_{p \in P} \, gain_p \cdot x_p$

　上記の数理モデルを解くとは、「制約式を満たし、目的関数を最大化するような変数を決定する」ことに当たります。

## ❶ データのインポート

　まず、データ処理に必要なライブラリ pandas と最適化ライブラリ PuLP をインポートしておきます。

```
import pandas as pd
import pulp
```

　続いて、stock.csv、require.csv、gain.csv のデータを取得しましょう。pandas の read_csv 関数は、csv 形式のファイルを読み込み、データフレームを生成することができます。

```
stock_df = pd.read_csv('stocks.csv')
stock_df
```

|   | m | stock |
|---|---|-------|
| 0 | m1 | 35 |
| 1 | m2 | 22 |
| 2 | m3 | 27 |

```
require_df = pd.read_csv('requires.csv')
require_df
```

|    | p  | m  | require |
|----|----|----|---------|
| 0  | p1 | m1 | 2       |
| 1  | p1 | m2 | 0       |
| 2  | p1 | m3 | 1       |
| 3  | p2 | m1 | 3       |
| 4  | p2 | m2 | 2       |
| 5  | p2 | m3 | 0       |
| 6  | p3 | m1 | 0       |
| 7  | p3 | m2 | 2       |
| 8  | p3 | m3 | 2       |
| 9  | p4 | m1 | 2       |
| 10 | p4 | m2 | 2       |
| 11 | p4 | m3 | 2       |

```
gain_df = pd.read_csv('gains.csv')
gain_df
```

|   | p  | gain |
|---|----|------|
| 0 | p1 | 3    |
| 1 | p2 | 4    |
| 2 | p3 | 4    |
| 3 | p4 | 5    |

## ❷ リストの定義

さて、データを取り込んだところで、データの前処理としてリストと定数の定義をします。まず、リストについて定義します。

・リスト

　　$P$：製品のリスト

　　$M$：原料のリスト

$P$ は gain_df から、$M$ は stock_df から取得しましょう。

```
P = gain_df['p'].tolist()
print(P)
```

```
['p1', 'p2', 'p3', 'p4']
```

リスト $P$ は、$p1$、$p2$、$p3$、$p4$ からなるリストであることがわかりました。

```
M = stock_df['m'].tolist()
print(M)
```

```
['m1', 'm2', 'm3']
```

一方リスト $M$ は $m1$、$m2$、$m3$ からなるリストであることがわかりました。

## ❸ 定数の定義

次に、定数を定義します。

・定数

$stock_m$　$(m \in M)$：原料 $m$ の在庫量

$require_{p,m}$　$(p \in P, m \in M)$：製品 $p$ を生産するのに必要な原料 $m$ の量

$gain_p$　$(p \in P)$：製品 $p$ を生産した際の利得

それぞれ require_df、gain_df、stock_df から取得します。まずは、最も行数が少ないデータフレーム stock_df から辞書 stock を作成してみましょう。

```
stock = {row.m:row.stock for row in stock_df.itertuples()}
print(stock)
```

```
{'m1': 35, 'm2': 22, 'm3': 27}
```

　辞書の定義にはさまざまな方法があるので、簡単に解説しておきます。たとえば、次のように dict と zip を利用する方法はよく見かけます。

```
stock = dict(zip(stock_df['m'], stock_df['stock']))
print(stock)
```

```
{'m1': 35, 'm2': 22, 'm3': 27}
```

　また、内包表記と dict 関数を用いた次の方法もあります。

```
stock = dict((row.m, row.stock) for row in stock_df. ↵
itertuples())
print(stock)
```

```
{'m1': 35, 'm2': 22, 'm3': 27}
```

　もちろん、pandas のデータフレームがもつ to_dict メソッドを利用する方法もあります。

```
stock = stock_df.set_index('m').to_dict()['stock']
print(stock)
```

```
{'m1': 35, 'm2': 22, 'm3': 27}
```

　さて、同様にデータフレーム require_df から辞書 require を定義します。こちらは少し複雑ですが、じっくり見れば辞書のキーが p と m のタプルになっていて、値が require となっていることがわかります。

```
require = {(row.p, row.m):row.require for row in requi ↵
re_df.itertuples()}
print(require)
```

```
{('p1', 'm1'): 2, ('p1', 'm2'): 0, ('p1', 'm3'): 1, ('p2',
'm1'): 3, ('p2', 'm2'): 2, ('p2', 'm3'): 0, ('p3', 'm1'): 0,
('p3', 'm2'): 2, ('p3', 'm3'): 2, ('p4', 'm1'): 2, ('p4',
'm2'): 2, ('p4', 'm3'): 2}
```

最後に、データフレーム gain_df から辞書 gain を定義しましょう。

```
gain = {row.p:row.gain for row in gain_df.itertuples()}
print(gain)
```

```
{'p1': 3, 'p2': 4, 'p3': 4, 'p4': 5}
```

　本書では、データフレームから辞書への変換方法についてはとくに指定しません が、大規模なデータフレームを扱う場合にはそれぞれ処理速度が異なる場 合があるので注意をしてください。また、本書のスタンスとして、データの前 処理にはデータフレームを利用し、数理モデルの定義には辞書を利用します。

### ❹ 線形計画問題の定義

　ここまでで、入力データの前処理としてリストと定数を定義できました。数 理モデルの実装を続けましょう。

　まず、最大化問題として線形計画問題を定義します。名前は LP2 としまし たが、任意の名前で問題ありません。

```
problem = pulp.LpProblem('LP2', pulp.LpMaximize)
```

### ❺ 変数の定義

　次に、変数を定義します。

・変数

　　$x_p$　$(p \in P)$：製品 $p$ の生産量

　前回は pulp.LpVariable を利用して 1 つずつ変数を定義しました。今回 はリスト P と pulp.LpVariable.dicts でまとめて変数を定義しましょう。

```
x = pulp.LpVariable.dicts('x', P, cat='Continuous')
```

なお、`pulp.LpVariable.dicts` でまとめて定義するのではなく、素朴に `pulp.LpVariable` で定義する場合は

```
x = {}
for p in P:
    x[p] = pulp.LpVariable('x_{}'. format(p), cat='Conti ↵
nuous')
```

で定義することができます。また、Python3.6 以降で導入された f 文字列（f-strings）を利用すれば

```
x = {}
for p in P:
    x[p] = pulp.LpVariable(f'x_{p}', cat='Continuous')
```

と記述してもかまいません。もちろん、辞書を利用して、次のようにより簡潔に記述することもできます。

```
x = {p:pulp.LpVariable(f'x_{p}', cat='Continuous')for p ↵
in P}
```

記述方法で若干の処理速度の差はありますが、処理速度が気になるほどの大規模な変数を定義することは少ないので、書き手の好みで選択してもかまわない部分でしょう。

### ❻ 制約式の定義
続けて、制約式を定義します。

#### ・制約式
$x_p \geq 0$　$(p \in P)$：製品 $p$ の生産量は 0 以上

$\sum_{p \in P} require_{p,m} \cdot x_p \leq stock_m$　$(m \in M)$：生産は在庫の範囲で行う

まず、製品 $p$ の生産量は 0 以上であるという制約を定義しましょう。次の数式の解釈から始めます。

$x_p \geq 0$　$(p \in P)$

各 $p$ について $x_p \geq 0$ が定義されています。この定義のしかたにピンとこない場合には、必ず書き下してみてください。リスト $P$ は $p1$、$p2$、$p3$、$p4$ の要素をもつので、次の 4 つの制約式を表していることになります。

$X_{p1} \geq 0$

$X_{p2} \geq 0$

$X_{p3} \geq 0$

$X_{p4} \geq 0$

制約式をまとめて定義する方法は、なかなか慣れないかと思います。慣れるまでは書き下す習慣をつけてください。

コードで表現する場合には、次のようにリスト P の各要素を for 文で回して、1 つずつ制約式を定義することができます。

```
for p in P:
    problem += x[p] >= 0
```

次に、生産は在庫の範囲で行うという制約を定義します。次の数式の解釈から始めます。

$$\sum_{p \in P} require_{p,m} \cdot x_p \leq stock_m \qquad (m \in M)$$

各 $m$ について、$\sum_{p \in P} require_{p,m} \cdot x_p \leq stock_m$ が定義されています。こちらの制約式も書き下してみましょう。

まず、$m$ について書き下します。リスト $M$ は $m1$、$m2$、$m3$ の要素をもつので、次の 3 つの制約式を表していることになります。

$\sum_{p \in P} require_{p,m1} \cdot x_p \leq stock_{m1}$

$\sum_{p \in P} require_{p,m2} \cdot x_p \leq stock_{m2}$

$\sum_{p \in P} require_{p,m3} \cdot x_p \leq stock_{m3}$

さらに 1 つめの式について、総和記号 $\sum$ も書き下してみましょう。リスト $P$ は $p1$、$p2$、$p3$、$p4$ の要素をもつので、次の制約式を表していることになります。

$$require_{p1,m1} \cdot x_{p1} + require_{p2,m1} \cdot x_{p2} + require_{p3,m1} \cdot x_{p3} + require_{p4,m1} \cdot x_{p4} \leq stock_{m1}$$

書き下したら、数式をもう一度解釈してください。原料 $m1$ について、生産する $p1$、$p2$、$p3$、$p4$ が使用する原料 $m1$ の使用量

$$require_{p1,m1} \cdot x_{p1} + require_{p2,m1} \cdot x_{p2} + require_{p3,m1} \cdot x_{p3} + require_{p4,m1} \cdot x_{p4}$$

は在庫 $stock_{m1}$ 以下とする、と読めたでしょうか。

同様に、ほかの制約も次のように書き下すことができます。

$$require_{p1,m2} \cdot x_{p1} + require_{p2,m2} \cdot x_{p2} + require_{p3,m2} \cdot x_{p3} + require_{p4,m2} \cdot x_{p4} \leq stock_{m2}$$

$$require_{p1,m3} \cdot x_{p1} + require_{p2,m3} \cdot x_{p2} + require_{p3,m3} \cdot x_{p3} + require_{p4,m3} \cdot x_{p4} \leq stock_{m3}$$

書き下せることが確認できたら一つひとつ解釈をしてください。さて

$$\Sigma_{p \in P} \, require_{p,m} \cdot x_p \leq stock_m \quad (m \in M)$$

を実装してみましょう。リスト $M$ の各要素 $m$ について定義されているので、リスト M の要素を for 文で回すことで定義できそうです。一方、総和記号 $\Sigma$ は Python の内包表記と pulp.lpSum を利用して書くことができます。

```
for m in M:
    problem += pulp.lpSum([require[p,m] * x[p] for p in ↩
P]) <=
stock[m]
```

また、pulp.lpSum は Python に組み込まれている sum と置き換えることは可能ですが、pulp.lpSum のほうが高速に計算することができることを覚えておくとよいでしょう。

### ❼ 目的関数の定義

最後に、目的関数を定義します。

・目的関数（最大化）

$$\sum_{p \in P} gain_p \cdot x_p$$

次のように定義することができます。

```
problem += pulp.lpSum([gain[p] * x[p] for p in P])
```

さて、数理最適化モデルを定義したところでさっそく解いてみましょう。

```
status = problem.solve()
print('Status:', pulp.LpStatus[status])
```

```
Status: Optimal
```

最適解が得られたようです。その解と目的関数値を表示します。

```
for p in P:
    print(p, x[p].value())

print('obj=', problem.objective.value())
```

```
p1 12.142857
p2 3.5714286
p3 7.4285714
p4 0.0
obj= 80.42857099999999
```

みなさんの環境によって数値に少し誤差があるかもしれませんが、利得が最大になるような各製品の生産量は、$p1$ が 12.14 kg、$p2$ が 3.57 kg、$p3$ が 7.43 kg、$p4$ が 0 kg であり、そのときの利得は 80.43 万円だとわかりました。

## ❽ 実装した数理最適化モデルのまとめ

数理最適化モデルの記述を以下にまとめます。

```
import pandas as pd
import pulp
```

```python
# データの取得
require_df = pd.read_csv('requires.csv')
stock_df = pd.read_csv('stocks.csv')
gain_df = pd.read_csv('gains.csv')

# リストの定義
P = gain_df['p'].tolist()
M = stock_df['m'].tolist()

# 定数の定義
stock = {row.m:row.stock for row in stock_df.itertuples()}
gain = {row.p:row.gain for row in gain_df.itertuples()}
require = {(row.p,row.m):row.require for row in
require_df.itertuples()}

# 数理最適化モデルの定義
problem = pulp.LpProblem('LP2', pulp.LpMaximize)

# 変数の定義
x = pulp.LpVariable.dicts('x', P, cat='Continuous')

# 制約式の定義
for p in P:
    problem += x[p] >= 0
for m in M:
    problem += pulp.lpSum([require[p,m] * x[p] for p in
P]) <=
stock[m]

# 目的関数の定義
problem += pulp.lpSum([gain[p] * x[p] for p in P])

# 求解
status = problem.solve()
print('Status:', pulp.LpStatus[status])

# 計算結果の表示
for p in P:
```

```
    print(p, x[p].value())

print('obj=', problem.objective.value())
```

```
Status: Optimal
p1 12.142857
p2 3.5714286
p3 7.4285714
p4 0.0
obj= 80.42857099999999
```

　いかがでしたか？　汎用的な数理最適化モデルを定義できるようになれば、実務にグッと近づきます。

　さて、ここで 2.2 節の最後に議論した、数理最適化モデルのクラスの話を思い出してください。もし、この問題が生産量（kg）を決める問題ではなく、生産量（個数）を決める問題だった場合はどうなるのでしょうか。つまり、製品 $p1$ を 12.14 個生産することはできないということです。

　このような場合、実務では数値を適当に丸めてしまうことがよくあります。たとえば、さきほどの例では $p1$ を 12.14 kg、$p2$ を 3.57 kg、$p3$ を 7.43 kg、$p4$ を 0 kg 生産し、利得が 80.43 万円でしたが、これを、$p1$ を 12 個、$p2$ を 3 個、$p3$ を 7 個、$p4$ を 0 個生産することにし、利得が 76 万円（$12 \times 3 + 3 \times 4 + 7 \times 4$）になるように調整します。すると、もともとの利得から 4.43 万円の差が生まれました。

　実務ではこの差を誤差として許容する場合もありますが、もし単位が「万円」ではなく「億円」でしたらどうでしょうか？　4.43 億円の差となると見過ごせない人も多くなりそうです。

　上記の問題では丸めるという操作をしましたが、そもそも生産量が実数値で得られたことが原因です。そこで、生産量が整数値で得られるように数理最適化モデルを書き換えてみましょう。

　書き換える箇所は、変数を定義する次の箇所です。

```
# 変数の定義
x = pulp.LpVariable.dicts('x', P, cat='Continuous')
```

こちらを、連続変数 Continuous から整数変数 Integer に書き換えましょう。

```
# 変数の定義
x = pulp.LpVariable.dicts('x', P, cat='Integer')
```

また、気分の問題ですが、線形計画問題から整数計画問題に書き換えたので、問題の名前 LP2 を指定している箇所

```
problem = pulp.LpProblem('LP2', pulp.LpMaximize)
```

を整数計画問題（Integer Programming）にちなんで IP と名前をつけ直しましょう。

```
problem = pulp.LpProblem('IP', pulp.LpMaximize)
```

次のように、線形計画問題から整数計画問題に書き換わりました。さっそく実行してみましょう。

```
import pandas as pd
import pulp

# データの取得
require_df = pd.read_csv('requires.csv')
stock_df = pd.read_csv('stocks.csv')
gain_df = pd.read_csv('gains.csv')

# リストの定義
P = gain_df['p'].tolist()
M = stock_df['m'].tolist()

# 定数の定義
stock = {row.m:row.stock for row in stock_df.itertuples()}
gain = {row.p:row.gain for row in gain_df.itertuples()}
require = {(row.p,row.m):row.require for row in require ↵
_df.itertuples()}
```

```
# 数理最適化モデルの定義
# Before
# problem = pulp.LpProblem('LP2', pulp.LpMaximize)
# After
problem = pulp.LpProblem('IP', pulp.LpMaximize)

# 変数の定義
# Before
# x = pulp.LpVariable.dicts('x', P, cat='Continuous')
# After
x = pulp.LpVariable.dicts('x', P, cat='Integer')

# 制約式の定義
for p in P:
    problem += x[p] >= 0
for m in M:
    problem += pulp.lpSum([require[p,m] * x[p] for p in ↵
P]) <=
stock[m]

# 目的関数の定義
problem += pulp.lpSum([gain[p] * x[p] for p in P])

# 求解
status = problem.solve()
print('Status:', pulp.LpStatus[status])

# 計算結果の表示
for p in P:
    print(p, x[p].value())

print('obj=', problem.objective.value())
```

```
Status: Optimal
p1 13.0
p2 3.0
p3 7.0
p4 -0.0
obj= 79.0
```

$p1$ を 13 個、$p2$ を 3 個、$p3$ を 7 個、$p4$ を 0 個生産することにし、利得が 79 万円になることがわかりました。はじめに定義した線形計画問題を解いて解を丸める方法では利得が 76 万円だったので、3 万円多く利得を得ることができました。これは、全体の約 4% の利益改善をしていることになります。また、もし単位が「万円」ではなく「億円」であれば、3 億円の利益改善に貢献したことになります。

数理最適化だけでなくデータサイエンス全般に言えることですが、マーケットの規模に比例して大きなインパクトを出すことができます。逆に小さなマーケットでは、いくら改善しても雀の涙ほどのインパクトしか出ないことは覚えておきましょう。

## 2.4 第 2 章のまとめ

本章の内容で覚えておくべき要点は以下のとおりです。

- 二次方程式と線形計画問題の実装はよく似ており、制約式や目的関数の設定に違いがあること
- 規模の大きな数理最適化問題を解く際に変数や制約式をまとめて定義するのは、コード量を減らし汎用性を保つためであること
- 実装上、変数を連続変数とするか整数変数とするかは 1 行で変更できること

最後に、1 つ注意点を述べます。一般に、線形計画問題よりも整数計画問題のほうが難しい問題になります。線形計画問題で 100 万変数の問題を解くことはよくありますが、整数計画問題の場合、現状の技術（2021 年現在）ではほぼ解けないと考えてよいでしょう。さらに言えば、整数計画問題では 1 万変数の規模でも難しい場合があり、構造上幸運なケースを除いて安定して解くことは期待できないことも併せて覚えておいてください。そのため、さきほど紹介した線形計画問題で解いて解を丸める方法（**連続緩和**）は、実務において非常に有効な方法になるのです。

# 第II部

# 数理最適化の
# ケーススタディ

　第II部は、第3章〜第7章で構成されるケーススタディです。皆さんにとってできるだけ身近な例題を扱うことで、数理最適化技術を利用した実務の手順や注意事項を理解することができます。各章は独立しているため、どの章からでも読み始めることができます。

　各章で紹介する題材は、いまこの本を開いているあなたがどんな立場の人であっても、少なくとも1つは身近に感じられるものがあるように選定しました。後半になるにつれて複雑な問題設定になっていくため、前半から順番に読み進めていただくのがよいでしょう。数理最適化に親しみのある読者は気になる章から読み始めてもよいですし、気持ちが乗らない章は読み飛ばしてもらってかまいません。

　「はじめに」でも書きましたが、この本は実務における課題解決を重視しており、要件整理をはじめとする数理モデリングや実装の過程を丁寧に解説しています。集計や可視化によるデータの確認作業も含まれるため、冗長に感じる人もいるでしょう。最終目的の解を得るために、さまざまな回り道をする構成の章もあります。しかし、実務では最短距離で理想の結果にたどり着くことはありません。さまざまな回り道をして理解を深めなければ、実務において理想の結果を出力する数理モデルに辿り着くことは困難です。自分なりに現場をイメージしてじっくり取り組んでください。

# 学校のクラス編成

## 3.1　導入

　本章では、学校のクラス編成を考えます。読者の皆さんには、クラス替えと言ったほうが身近かもしれませんね。皆さんが子どもだったころ、クラス替えを楽しみにしていた人は多いのではないでしょうか。仲のよい友達と一緒になれるだろうか、苦手な先生が担任にならないだろうか、いろいろ思い巡らせていたことでしょう。

　学校といっても、小学校、中学校、高等学校とさまざまな種類があります。私立の学校であればクラス編成のルールも多岐にわたり、学校ごとの特色が出そうですが、公立の学校であればある程度は共通していそうです。
　たとえば、「各クラスの人数や男女比は同じくらいにする」「学力が偏らないようにする」などは、すぐに思いつくことでしょう。ほかにはどんなルールが考えられるでしょうか。ここで学校生活を思い出してほしいのですが、クラス

に 1 人は学級委員長気質の子がいたり、ピアノが弾ける子がいたりしません
でしたか？　思い当たる節があるのではないでしょうか。

　教員の立場で考えてみると、クラス運営するうえでは特定の性質をもつ児童
や生徒がいると助かることに気がつくことでしょう。一方、教育の現場では公
平性の保持や人権への配慮も重要であるため、教員の恣意的な考えは極力入り
込まないよう配慮する必要もあります。

　本章では、クラス編成の問題を数理最適化の技術を用いて解く方法を紹介し
ます。クラス編成を数理最適化問題にモデリングして解くメリットは、次の
4 つがあります。

- **最　適　性**：（モデリングされた世界で）最適なクラス編成ができる
- **コスト削減**：自動化することで教員の作業コストを削減できる
- **柔　軟　性**：クラス編成のルールを柔軟に変更しても修正コストが少ない
- **公　平　性**：感情に左右されず、恣意的な操作をせずクラス編成ができる

　本章では、公立中学校のクラス編成問題を扱います。基本的なクラス編成の
ルールを押さえることができれば、ちょっとしたルールの追加や変更があって
も対応できるようになるでしょう。

　さあ、あなたは公立中学校の教員です。児童、生徒の立場ではなく、教員の
立場でクラス編成を考えてみましょう！

## 3.2　課題整理

　本節では、公立中学校のある学年のクラス編成について課題を整理していき
ます。数理モデリングや実装に入る前に、まずは現実の問題を丁寧に言語化す
ることから始めましょう。

　さっそく、本ケーススタディで扱う問題を定義します。公立中学校のクラス
編成を想定して、次の問題を解きます。

　ここで、実際に学年の生徒数とクラス数をここで決めておきましょう。本問題では、学年で318人の生徒がいて、8つのクラスがあるとします。この問題を素直に考えると、40人のクラスを6クラス、39人のクラスを2クラス作るのがよさそうだと想像できます。

　これからクラス編成問題を数理最適化問題に落とし込むに当たって、このような想像はすべて言語化しておく必要があります。今回は「各クラスの人数を40人以下とする」というルールが思いつきます。しかしこのルールだけだと、「40人のクラスが7クラス、38人のクラスが1クラス」でも成立するため、1クラスだけ2人少ないクラスができる可能性があります。そのため「各クラスの人数を39人以上とする」というルールも加えるのがよさそうです。

　賢明な読者のなかには「6クラスは40人、2クラスは39人とする」という明瞭なルールを考えた人もいるでしょう。もちろんそれも正解です。ここではわかりやすさを重視して、次のルールを採用します。

　ここで、勘のよい読者は「男子ばっかり、女子ばっかりのクラスができてしまうのではないか」と考えているのではないでしょうか。このような暗黙知を想像できる人や言語化できる人は、実務で数理最適化の仕事をするのに向いています。本問題では、318人の生徒のうち、158人が男子、160人が女子とします。すると、次のようにルールを言語化できます。

　ここまでは簡単だったのではないでしょうか。ここから、さらに細かいルールを考えていきます。もし余裕があれば、この先を読む前にどのようなルールがあるか考えてみてください。その想像力が実務における最大の武器になるからです。

　次に想像しやすいのは学力に関するルールではないでしょうか。各クラスで学力の偏りを少なくしたいと考えるのは自然なことです。ここでは、学力のものさしとして学力試験の結果を採用します。

> 学力試験は 500 点満点で、平均点は 303.6 点
> **⇒各クラスの学力試験の平均点は、学年平均点±10 点とする**

　もちろん、このルールを採用するためには全生徒の学力試験の結果が必要になります。318 人程度であれば人手でデータ作成をすることもできますが、多くの実務案件ではデータがない、あるいはデータ化することが現実的ではない場合もあります。今回は、筆者が乱数といくつかの分布を利用して作成したデータがあるのでご安心ください。

　ここからはクラス運営に関するルールを考えてみましょう。皆さんの中学生時代を思い出してみてください。クラスに 1 人はいてほしいという人はいませんでしたか？　たとえば、新クラスになって最初のホームルームで、委員会を決めた記憶をもっている人は多いでしょう。そのとき、学級委員長が決まらず何十分も時間が過ぎていき、最終的には立候補ではなく推薦で学級委員長が決まった、という経験をした人もいるのではないでしょうか。

　クラス運営において、リーダー気質の生徒がいることは重要な点です。また、合唱コンクールなどのイベントがある場合、クラスに 1 人はピアノを弾ける生徒がいないと困ってしまいます。ここでは、リーダー気質の生徒が各クラスにいることをルールにします。

> 学年にリーダー気質の生徒が 17 人いる
> **⇒各クラスにリーダー気質の生徒を 2 人以上割り当てる**

面白くなってきましたね。では、もう少しデリケートな問題を考えてみましょう。たとえば、特定の気質の生徒は各クラスに分散させたほうがよい場合などがあります。遅刻が多い、欠席が多い、保護者からの問い合わせが多い……などなど、学校特有の事情があることと想像がつきます。ここでは「特別な支援が必要な生徒」と呼び、次のルールを追加します。

> 学年に特別な支援が必要な生徒が4人いる
> **⇒ 特別な支援が必要な生徒は各クラスに1人以下とする**

　最後に、生徒のペアについてのルールも考えてみましょう。たとえば、同学年に双子の生徒がいたり、同姓同名の生徒がいるケースを経験した人はいないでしょうか。一般的に、そのようなペアは同じクラスに割り当てないように配慮することがあります。ここでは「特定ペア」と呼びましょう。

> 学年に特定ペアが3組いる
> **⇒ 特定ペアの生徒は同一クラスに割り当てない**

　いかがでしょうか。上記の課題だけでも多くのエッセンスが詰め込まれています。まずはここまでの課題整理によって定められた7つの要件をチェックして、数理モデリングのフェーズに進むことにします。

> **クラス編成問題**
>
> ・公立中学校のクラス編成
> 　**要件（1）学年の全生徒をそれぞれ1つのクラスに割り当てる**
> ・学年には318人の生徒がいて、8つのクラスがある
> 　**要件（2）各クラスの生徒の人数は39人以上、40人以下とする**
> ・学年に男子生徒が158人、女子生徒が160人いる
> 　**要件（3）各クラスの男子生徒、女子生徒の人数は20人以下とする**
> ・学力試験は500点満点で、平均点は303.6点
> 　**要件（4）各クラスの学力試験の平均点は学年平均点±10点とする**
> ・学年にリーダー気質の生徒が17人いる

**要件（5）各クラスにリーダー気質の生徒を 2 人以上割り当てる**

・学年に特別な支援が必要な生徒が 4 人いる

**要件（6）特別な支援が必要な生徒は各クラスに 1 人以下とする**

・学年に特定ペアが 3 組いる

**要件（7）特定ペアの生徒は同一クラスに割り当てない**

# 3.3　数理モデリングと実装

　前節で整理した課題をもとに数理モデルの構築を行います。本節から Python コードを実行してくので、実行環境と利用するデータの説明から始めます。

## ❶ 実行環境

本章のコードを実行するためには、次の Python ライブラリが必要です。

・pandas

・PuLP

・matplotlib

あらかじめライブラリをインストールしておくか、読み進めながら必要なタイミングでインストールしてください。

　また、本章で利用するデータとソースコード一式は、ダウンロードしたフォルダ PyOptBook の 3.school 以下に置いてあります。フォルダ構成は次のとおりです。

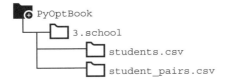

```
PyOptBook
  └ 3.school
      ├ students.csv
      └ student_pairs.csv
```

students.csvは生徒データ、student_pairs.csvは特定ペアデータです。

　以下で実装するコードは3.schoolフォルダ以下にJupyterのファイルを作成することを前提として進めますが、データの読み込み時のパス以外で問題になることはありません。読者の皆さんは任意の作業フォルダで実行することができます。作業フォルダが決まったらフォルダごとコピーをしてください。

## ❷ データの確認

### (1) 生徒データ（students.csv）の確認

　最初に、手もとのデータの特性を確認します。集計や統計値を確認することを通して詳細にデータを理解し、どのような学年なのかイメージを膨らませていくのが実務のコツです。

　では、Jupyterを立ち上げて以下のコードを実行していきましょう。作業フォルダはPyOptBook以下の3.schoolとして、任意のファイル名でJupyterのファイルを作成してください。

　まずは、pandasを利用してデータを取得します。入力データのパスに注意して、生徒データstudents.csvを読み込んでください。

```
import pandas as pd
s_df = pd.read_csv('students.csv')
```

　データを取得したら、さっそくデータを確認しましょう。まずは行数を確認します。

```
len(s_df)
```

```
318
```

　生徒データは318行ありますね。生徒の数だと想像がつきます。実際にどのようなデータか確認しましょう。

```
s_df.head()
```

| | student_id | gender | leader_flag | support_flag | score |
|---|---|---|---|---|---|
| 0 | 1 | 0 | 0 | 0 | 335 |
| 1 | 2 | 1 | 0 | 0 | 379 |
| 2 | 3 | 0 | 0 | 0 | 350 |
| 3 | 4 | 0 | 0 | 0 | 301 |
| 4 | 5 | 1 | 0 | 0 | 317 |

　カラム名とデータの名称、およびデータの説明を次の表に整理したので確認してください。データを確認する際には、データの型（実数値、整数値、バイナリ値、カテゴリ値など）とデータの定義域を意識してください。また、データがユニーク（一意）かどうかも確認するとよいでしょう。

| カラム名 | 名称 | 説明 |
|---|---|---|
| student_id | 学籍番号 | 1〜318 の間でユニークな整数値をとる |
| gender | 性別 | 0：女性<br>1：男性 |
| score | 学力試験の点数 | 0 点〜500 点の間の整数値をとる |
| leader_flag | リーダー気質フラグ | 1：リーダー気質の生徒<br>0：それ以外の生徒 |
| support_flag | 特別支援フラグ | 1：特別な支援が必要な生徒<br>0：それ以外の生徒 |

　続いて、各カラムに登録されているデータを見ていきましょう。まずは student_id を確認してみます。

```
s_df['student_id']
```

```
0          1
1          2
2          3
3          4
4          5
      :
313      314
314      315
315      316
316      317
317      318
Name: student_id, Length: 318, dtype: int64
```

　出力から学籍番号がユニークであることが想像できますが、しっかりコマンドを実行して確認しましょう。まずは学籍番号の最大値を確認します。

```
s_df['student_id'].max()
```

```
318
```

　学籍番号の最大値が318番であることがわかります。一方、次のコマンドにより、最小値は1番であることがわかります。

```
s_df['student_id'].min()
```

```
1
```

　次のコマンドを実行して、1番から318番までの番号が使われていることを確認してもよいでしょう。

```
set(range(1,319)) == set(s_df['student_id'].tolist())
```

```
True
```

　次にgenderを確認してみます。

```
s_df['gender'].value_counts()
```

```
0    160
1    158
Name: gender, dtype: int64
```

女子生徒が 160 人、男子生徒が 158 人いることがわかります。次に score
を確認してみます。

```
s_df['score'].describe()
```

```
count    318.000000
mean     303.644654
std       65.179995
min       88.000000
25%      261.000000
50%      310.000000
75%      350.000000
max      485.000000
Name: score, dtype: float64
```

平均点や標準偏差に加え、最高点や最低点を含む分位数がわかります。もし
学力が正規分布に従っているならば

　平均点（303.644654）±標準偏差（65.179995）≒（238.5, 368.8）

に約 68% のデータが含まれ

　平均点（303.644654）±2×標準偏差（65.179995）≒（173, 3, 434.0）

に約 95% のデータが含まれることになります。ざっくりデータの分布をイ
メージできましたか？　ここでは学力分布を可視化して確認しておきましょう。
　次のコマンドを実行することで、学力の分布のヒストグラムを確認できま
す[1]。

```
s_df['score'].hist()
```

[1]　みなさんの環境によっては、アウトプット行にグラフを埋め込めない場合があります。その場合には %matplotlib inline を入力行で実行しておくことで解決できます。

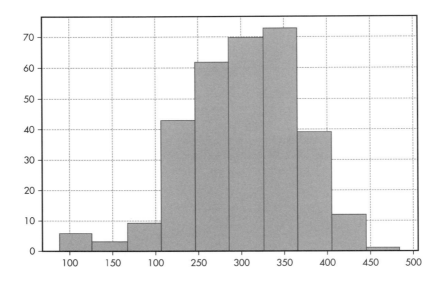

次に、leader_flag を確認します。

```
s_df['leader_flag'].value_counts()
```

```
0    301
1     17
Name: leader_flag, dtype: int64
```

リーダー気質の生徒が 17 人いることがわかります。最後に support_flag
を確認します。

```
s_df['support_flag'].value_counts()
```

```
0    314
1      4
Name: support_flag, dtype: int64
```

特別な支援が必要な生徒が、4 人いることがわかりました。これで生徒データの確認は終了です。

　このように、数理モデルを構築する前には必ずデータの内容を確認し、どのようなデータなのかをイメージしておくことが重要です。本書で扱っているデータは、ケーススタディのストーリーに合うように恣意的に生成したデータです。実務においてはじめから正しい仕様のデータが手に入ることは少ないので、データの確認をする習慣は必ずつけておきましょう。

### (2) 特定ペアデータ（student_pairs.csv）の確認

　続いて、特定ペアデータの確認をしていきましょう。入力データのパスに注意して、特定ペアデータを読み込んでください。併せて行数も確認します。

```
s_pair_df = pd.read_csv('student_pairs.csv')
print(len(s_pair_df))
```

```
3
```

　3 行の短いデータのようですね。おそらく特定ペアが 3 組登録されているのだろうと想像できます。実際にどのようなデータが入っているか確認します。

```
s_pair_df.head()
```

| | student_id1 | student_id2 |
|---|---|---|
| 0 | 118 | 189 |
| 1 | 72 | 50 |
| 2 | 314 | 233 |

　student_id1、student_id2 の 2 列のデータです。各行に同一クラスに割り当ててはいけない生徒のペアが指定されていることが想像できます。データの説明は次の表のとおりです。

| カラム名 | 名称 | 説明 |
|---|---|---|
| student_id1 | 学籍番号１ | 特定ペアの１人目の学籍番号 |
| student_id2 | 学籍番号２ | 特定ペアの２人目の学籍番号 |

　これでデータの確認はひととおり終えました。実務において、データの確認は重要です。データの型やデータの定義域を確認する習慣をつけましょう。

　また、さきほども述べましたが、本書で提供したデータは書籍用に整備されたデータであり、一般的に実務では整備されたデータがあるとはかぎりません。むしろ、データを整備するのは本書を読んでいるあなたです。その際には十分な注意を払ってデータに向き合う必要があります。ここでは触れませんでしたが、一般的にデータの欠損やデータの重複、入力ミスなどが頻繁に起こることを前提にデータの確認作業を進めるのがよいでしょう。

### ❸ 数理モデリングと実装

　さて、前節で整理した課題を数理最適化モデルに表現していきます。一般的に、問題を数式で表現する数理モデリングと実際にプログラミングをする実装を切り離して考えることが多いのですが、本書はわかりやすさのために数理モデリングと実装を一緒に解説していきます。前節で実装した拡張子 ipynb のファイルに、数理モデルを実装していきましょう。

　まずは、数理モデリング、および最適化計算をするライブラリ PuLP を取り込みます。

```
import pulp
```

　インポートしたら、これから定義する数理モデルをインスタンスとして用意します。

```
# 数理モデルのインスタンス作成
prob = pulp.LpProblem('ClassAssignmentProblem', pulp.LpMa ⏎
ximize)
```

　1 つめの引数にモデル名を指定します。ここでは ClassAssignmentPro blem と名前をつけましたが、任意の名前でかまいません。また、2 つめの引数に pulp.LpMaximize を指定しましたが、これは最適化計算を行う際に「目的関数を最小化ではなく最大化する」という指定です。本節で定義する数理モデルでは目的関数を定めませんが、次節で定義する数理モデルでは目的関数を定めて最大化します。

　さて、ここから前節で整理した要件を 1 つずつ数理モデリングしていきましょう。この課題における要件を再掲します。

---

**クラス編成問題**

・割り当て問題
　**要件（1）学年の全生徒をそれぞれ 1 つのクラスに割り当てる**
・学年には 318 人の生徒がいて、8 つのクラスがある
　**要件（2）各クラスの生徒の人数は 39 人以上、40 人以下とする**
・学年に男子生徒が 158 人、女子生徒が 160 人いる
　**要件（3）各クラスの男子生徒、女子生徒の人数は 20 人以下とする**
・学力試験は 500 点満点で、平均点は 303.6 点
　**要件（4）各クラスの学力試験の平均点は学年平均点 ±10 点とする**
・学年にリーダー気質の生徒が 17 人いる
　**要件（5）各クラスにリーダー気質の生徒を 2 人以上割り当てる**
・学年に特別な支援が必要な生徒が 4 人いる
　**要件（6）特別な支援が必要な生徒は各クラスに 1 人以下とする**
・学年に特定ペアが 3 組いる
　**要件（7）特定ペアの生徒は同一クラスに割り当てない**

---

　それでは、要件（1）〜要件（7）を数理モデリングしていきます。

## 要件（1） 学年の全生徒をそれぞれ 1 つのクラスに割り当てる

要件（1）の数理モデリングは次のようになります。まず生徒とクラスのリストを定義し、続けて生徒をどのクラスに割り当てるかを表現する変数と、要件を満たす制約式を定義します。

---

- **生徒のリスト：$S$**
- **クラスのリスト：$C$**
- **変数**：生徒 $s\,(\in S)$ をクラス $c\,(\in C)$ に割り当てる場合に 1、そうでない場合に 0 をとる変数

  $x_{s,c} \in \{0, 1\} \quad (s \in S, c \in C)$

- **要件（1） 各生徒は 1 つのクラスに割り当てる**

  $\displaystyle\sum_{c \in C} x_{s,c} = 1 \quad (s \in S)$

---

まず、生徒のリスト $S$ とクラスのリスト $C$ を定義します。生徒のリストであるリスト $S$ は、本データでは 1〜318 の間の値をとる学籍番号です。クラスのリストであるリスト $C$ は、8 クラスを $A$〜$H$ のアルファベットで表しています。

次に、数理最適化問題で最も重要な決定変数 $x$ を定義します。本問題は各生徒がどのクラスに割り当てるかを決定する問題を解くので、$s\,(\in S)$ と $c\,(\in C)$ の組合せに対して $x_{s,c}$ を定義し、$x_{s,c}=1$ の場合に生徒 $s$ をクラス $c$ に割り当てることを、$x_{s,c}=0$ の場合に生徒 $s$ をクラス $c$ に割り当てないことを表すことにします。

もちろん、それぞれの生徒は 1 つのクラスにしか割り当てられません。たとえば生徒 $s$ を学籍番号 1 に固定した場合、$x_{1,A}$、$x_{1,B}$、$x_{1,C}$、$x_{1,D}$、$x_{1,E}$、$x_{1,F}$、$x_{1,G}$、$x_{1,H}$ の 8 個の変数のうち 1 つだけ 1 となり、それ以外は 0 となります。数式で表現すると

$$x_{1,A} + x_{1,B} + x_{1,C} + x_{1,D} + x_{1,E} + x_{1,F} + x_{1,G} + x_{1,H} = 1$$

となり

$$\sum_{c \in C} x_{1,c} = 1$$

が成り立ちます。この制約は全生徒に対して課すルールなので、各生徒 $s(\in S)$ に対して

$$\sum_{c \in C} x_{s,c} = 1$$

を制約として追加します。

　この数理モデルを実装してみましょう。まず、生徒のリスト S を定義します。生徒のリストは入力データである s_df の student_id から取得しましょう。

```
# 生徒のリスト
S = s_df['student_id'].tolist()
```

　続けて、クラスのリスト C は次のように明示的に定義しましょう。

```
# クラスのリスト
C = ['A', 'B', 'C', 'D', 'E', 'F', 'G', 'H']
```

　ここでは説明を簡単にするためにリストの定義を直接ソースコードで行いますが、実務では可能なかぎり入力データ（ファイル）から取得することをおすすめします。上記のように直接ソースコードにリストの内容をコーディングする（**ハードコーディング**）と、クラスの数が増減した際にソースコードの変更も必要になるためです。保守性の高いソースコードは、1 つのパラメータが変更されたとしてもモデルの変更を必要とせず、入力データ（ファイル）の変更で解決できるように設計されています。

　それでは、生徒をどのクラスに割り当てるかを実装していきます。まずは変数の定義です。

```
# 生徒とクラスのペアのリスト
SC = [(s,c) for s in S for c in C]

# 生徒をどのクラスに割り当てるかを変数として定義
x = pulp.LpVariable.dicts('x', SC, cat='Binary')
```

　ここでは補助的に SC という生徒 ID とクラス名のタプルの組合せをリスト

として用意し、変数 $x$ を定義します。変数は `pulp.LpVariable.dicts` でまとめて定義することができ、第 1 引数は変数名、第 2 引数にはまとめて用意する変数の添字のリストを指定します。第 3 引数は変数のタイプで、ここでは Binary、つまり 0 か 1 の値をとる変数であることを明示しています。

さて、必要なリストと変数を定義したところで、要件(1)を実装してみましょう。学籍番号 $s$ の生徒について $\sum_{c \in C} x_{s,c} = 1$ と表現できますが、これは Python で `sum([x[s, c] for c in C]) == 1` と書くことができます。ここではライブラリ PuLP が提供する高速な和計算をする関数 `pulp.lpSum` を利用して、`pulp.lpSum([x[s, c] for c in C]) == 1` と書くことができます。この制約は各生徒に定義するので、生徒のリスト $S$ について for 文を回し、次のように実装します。

```
# (1) 各生徒は1つのクラスに割り当てる
for s in S:
    prob += pulp.lpSum([x[s,c] for c in C]) == 1
```

第 2 章「Python 数理最適化チュートリアル」でも触れましたが、数理モデルのインスタンス prob に `+=` 演算で制約を追加していくことに注意してください。右辺は通常のプログラミング言語では Boolean（True または False）で解釈されますが、ここでは制約として解釈されます。

**要件(2) 各クラスの生徒の人数は 39 人以上、40 人以下とする**

要件(2)の数理モデリングは次のようになります。

> **・要件(2) 各クラスの生徒の人数は 39 人以上、40 人以下とする**
>
> $$\sum_{s \in S} x_{s,c} \geq 39 \quad (c \in C)$$
>
> $$\sum_{s \in S} x_{s,c} \leq 40 \quad (c \in C)$$

まず、各クラスの生徒の人数が 39 人以上になる制約を考えてみます。簡単のため、クラス $c$ を $A$ に固定すると、クラス $A$ には学籍番号 1〜318 の生徒が割り当てられる可能性があるので、変数 $x_{1,A}$、$x_{2,A}$、…、$x_{318,A}$ を利用してこの要件を表現しなければならないことは推測できることでしょう。実際には、

$x_{1,A} + x_{2,A} + \cdots + x_{318,A} \geq 39$、すなわち $\sum_{s \in S} x_{s,A} \geq 39$ と表現することができます。$A$ に固定したクラスを外して一般のクラス $c$ について考えると、次の制約で表現できることがわかります。

$$\sum_{s \in S} x_{s,c} \geq 39 \quad (c \in C)$$

各クラスの生徒の人数は 40 人以下とする、という制約も同様に表現できます。各クラスについて制約を定義することを考えると、クラスのリスト C について for 文を回し、次のように実装します。

```
# （2）各クラスの生徒の人数は 39 人以上、40 人以下とする
for c in C:
    prob += pulp.lpSum([x[s,c] for s in S]) >= 39
    prob += pulp.lpSum([x[s,c] for s in S]) <= 40
```

和の計算には、要件(1)でも利用した pulp.lpSum を利用しています。

**要件(3)　各クラスの男子生徒、女子生徒の人数は 20 人以下とする**

要件(3)の数理モデリングは次のようになります。

・**要件(3)　各クラスの男子生徒、女子生徒の人数は 20 人以下とする**

$$\sum_{s \in S_{male}} x_{s,c} \leq 20 \quad (c \in C)$$

$$\sum_{s \in S_{female}} x_{s,c} \leq 20 \quad (c \in C)$$

本要件は要件(2)と同じ形式ですが、生徒のリストを男子生徒、女子生徒に分けて制約を定義する必要があります。実装は次のようになります。

```
# 男子生徒のリスト
S_male = [row.student_id for row in s_df.itertuples() if
row.gender == 1]

# 女子生徒のリスト
S_female = [row.student_id for row in s_df.itertuples()
if row.gender == 0]
```

```
# （3）各クラスの男子生徒、女子生徒の人数は 20 人以下とする
for c in C:
    prob += pulp.lpSum([x[s,c] for s in S_male]) <= 20
    prob += pulp.lpSum([x[s,c] for s in S_female]) <= 20
```

　ここで、男子生徒のリスト S_male と女子生徒のリスト S_female をあらかじめ定義しておくことで、制約を素直に表現できることに注意してください。

**要件（4）　各クラスの学力試験の平均点は学年平均点±10 点とする**

　要件（4）の数理モデリングは次のようになります。

> ・**定数（各生徒学力）**：$score_s$　$(s \in S)$
> ・**定数（学年平均点）**：$score\_mean$
> ・**要件（4）各クラスの学力試験の平均点は学年平均点±10 点とする**
>
> $$score\_mean - 10 \leq \frac{\sum_{s \in S} score_s \cdot x_{s,c}}{\sum_{s \in S} x_{s,c}} \quad (c \in C)$$
>
> $$\frac{\sum_{s \in S} score_s \cdot x_{s,c}}{\sum_{s \in S} x_{s,c}} \leq score\_mean + 10 \quad (c \in C)$$

　まず、各生徒の学力 $score_s (s \in S)$ と学年平均点 $score\_mean$ を与えます。次に各クラスの平均点を考えると、当該クラスに割り当てられた生徒の点数の和（$\sum_{s \in S} score_s \cdot x_{s,c}$）をクラスに割り当てられた人数（$\sum_{s \in S} x_{s,c}$）で割ることになるので、以下の下で表現されます。

$$\frac{\sum_{s \in S} score_s \cdot x_{s,c}}{\sum_{s \in S} x_{s,c}}$$

　ここで $score\_mean - 10 \leq \dfrac{\sum_{s \in S} score_s \cdot x_{s,c}}{\sum_{s \in S} x_{s,c}}$ に注目すると、右辺の分子、分母に変数が現れており、非線形の式になっていることに注意しましょう。一般に数理最適化問題として定式化する場合、非線形の制約が含まれると利用できるソルバー[†2]が限定されるだけでなく、解ける場合でもかなり小さな問題し

---

[†2]　**最適化ソルバー**とは、数理最適化問題を解く数値計算ソフトウェアを指します。具体的には記述された数理最適化問題（リスト・定数・変数・制約・目的関数）に対して目的関数が最大（または最小）となる変数値を探索して出力します。PuLP ではデフォルトで CBC という最適化ソルバーを使用しています。

か解けなくなります。

　非線形の制約を線形の制約に変換可能な場合は、迷わず線形に書き換えるのが定石です。たとえば、さきほどの制約式は通分することで次の制約式に変換可能です。

$$(score\_mean - 10) \cdot \sum_{s \in S} x_{s,c} \le \sum_{s \in S} score_s \cdot x_{s,c} \quad (c \in C)$$

$$\sum_{s \in S} score_s \cdot x_{s,c} \le (score\_mean + 10) \cdot \sum_{s \in S} x_{s,c} \quad (c \in C) \qquad .$$

実装は次のようになります。

```python
# 学力を辞書表現に変換
score = {row.student_id:row.score for row in s_df.iter
tuples()}

# 平均点の算出
score_mean = s_df['score'].mean()

# （4）各クラスの学力試験の平均点は学年平均点±10点とする
for c in C:
    prob += (score_mean - 10) * pulp.lpSum([x[s,c] for s
in S]) <= pulp.lpSum([x[s,c]*score[s] for s in S])
    prob += pulp.lpSum([x[s,c]*score[s] for s in S]) <=
(score_mean + 10) * pulp.lpSum([x[s,c] for s in S])
```

## 要件(5)　各クラスにリーダー気質の生徒を 2 人以上割り当てる

　要件(5)の数理モデリングは次のようになります。

- リーダー気質の生徒のリスト：$S_{leader}$
- 要件(5)　各クラスにリーダー気質の生徒を 2 人以上割り当てる
$$\sum_{s \in S_{leader}} x_{s,c} \ge 2 \quad (c \in C)$$

　本要件は、要件(3)と同様の形式で表現することができます。実装は次のようになります。

```
# リーダー気質の生徒の集合
S_leader = [row.student_id for row in s_df.itertuples() ↵
if row.leader_flag == 1]

# (5) 各クラスにリーダー気質の生徒を2人以上割り当てる
for c in C:
    prob += pulp.lpSum([x[s,c] for s in S_leader]) >= 2
```

**要件(6) 特別な支援が必要な生徒は各クラスに1人以下とする**

要件(6)の数理モデリングは次のようになります。

---
・**特別な支援が必要な生徒のリスト**：$S_{support}$

・**要件(6) 特別な支援が必要な生徒は各クラスに1人以下とする**

$$\sum_{s \in S_{support}} x_{s,c} \leq 1 \quad (c \in C)$$

---

本要件も、要件(3)と同様の形式で表現することができます。実装は次のようになります。

```
# 特別な支援が必要な生徒の集合
S_support = [row.student_id for row in s_df.itertuples() ↵
if row.support_flag == 1]

# (6) 特別な支援が必要な生徒は各クラスに1人以下とする
for c in C:
    prob += pulp.lpSum([x[s,c] for s in S_support]) <= 1
```

**要件(7) 特定ペアの生徒は同一クラスに割り当てない**

要件(7)の数理モデリングは次のようになります。

---
・**生徒の特定ペアリスト**：$SS$

・**要件(7) 特定ペアの生徒は同一クラスに割り当てない**

$x_{s1,c} + s_{s2,c} \leq 1 \quad (c \in C, (s1, s2) \in SS)$

---

　この要件について、少し考えてみましょう。生徒の特定ペアのリストから 2 人の生徒を抽出し、生徒 $s1$ と生徒 $s2$ を固定して考えます。さらにクラス $c$ を $A$ に固定して考えると

$$x_{s1,A} + x_{s2,A} \leq 1$$

となります。この式のままではまだ難しいので、$x_{s1,A}$、$x_{s2,A}$ のとり得る 0 と 1 の値の組合せについて考えてみましょう。

　$(x_{s1,A}, x_{s2,A})$ は $(0, 0)$、$(0, 1)$、$(1, 0)$、$(1, 1)$ の 4 通りの組合せがあります。具体的には、$(x_{s1,A}, x_{s2,A})$ が $(0, 0)$、$(0, 1)$、$(1, 0)$ の場合 $x_{s1,A} + x_{s2,A} \leq 1$ は満たされますが、$(x_{s1,A}, x_{s2,A})$ が $(1, 1)$ の場合 $x_{s1,A} + x_{s2,A} \leq 1$ は満たされません。

　すなわち、生徒 $s1$ と生徒 $s2$ が同時にクラス $A$ に割り当てられる場合のみを禁止しています。クラス $A$ の固定を外すと

$$x_{s1,c} + x_{s2,c} \leq 1 \qquad (c \in C)$$

となることはすぐにわかります。

```
# 生徒の特定ペアリスト
SS = [(row.student_id1, row.student_id2) for row in s_ ↩
pair_df.itertuples()]

# （7）特定ペアの生徒は同一クラスに割り当てない
for s1, s2 in SS:
    for c in C:
        prob += x[s1,c] + x[s2,c] <= 1
```

　ここで一度、数理モデルをまとめてみましょう。

・**リスト**

　$S$：生徒のリスト

　$C$：クラスのリスト

　$S_{male}$　：男子生徒のリスト

　$S_{female}$：女子生徒のリスト

$S_{leader}$：リーダー気質の生徒のリスト

$S_{support}$：特別な支援が必要な生徒のリスト

$SS$：特定ペアのリスト

・**変数**

$x_{s,c} \in \{0, 1\}$ 　$(s \in S, c \in C)$

・**定数**

$score_s$：生徒 $s$ の学力試験の結果　$(s \in S)$

$score\_mean$：学力試験の学年平均点

・**制約式**

$$\sum_{c \in C} x_{s,c} = 1 \qquad (s \in S)$$

$$\sum_{s \in S} x_{s,c} \geq 39 \qquad (c \in C)$$

$$\sum_{s \in S} x_{s,c} \leq 40 \qquad (c \in C)$$

$$\sum_{s \in S_{male}} x_{s,c} \leq 20 \qquad (c \in C)$$

$$\sum_{s \in S_{female}} x_{s,c} \leq 20 \qquad (c \in C)$$

$$\sum_{s \in S_{leader}} x_{s,c} \geq 2 \qquad (c \in C)$$

$$\sum_{s \in S_{support}} x_{s,c} \leq 1 \qquad (c \in C)$$

$$score\_mean - 10 \leq \frac{\sum_{s \in S} score_s \cdot x_{s,c}}{\sum_{s \in S} x_{s,c}} \quad (c \in C)$$

$$\frac{\sum_{s \in S} score_s \cdot x_{s,c}}{\sum_{s \in S} x_{s,c}} \leq score\_mean + 10 \quad (c \in C)$$

$$x_{s1,c} + x_{s2,c} \leq 1 \quad (c \in C, (s1, s2) \in SS)$$

・**目的関数（最大化）**

なし

　さて、以上で数理モデリングと実装が完了しました。あとは上記の問題を解くだけです。solve メソッドを利用して問題を解くことができます。

```
status = prob.solve()
print(status)
print(pulp.LpStatus[status])
```

```
1
Optimal
```

solve メソッドの返り値であるステータスコード status が 1 であり、辞書 pulp.LpStatus を参照することで最適解が得られている（Optimal）ことがわかります。なお、解が得られなかった場合は status が 0、Not Solved になり、そもそも問題に解が存在しない場合には status が -1、Infeasible になります。

さて、最適解が得られたのでどのような解になっているか表示させてみましょう。生徒 *s* がクラス *c* に割り当てられる場合、x[s,c].value() の値が 1 になります。一方、生徒 *s* がクラス *c* に割り当てられない場合、x[s,c].value() の値が 0 になります。次のコードを実行することで、クラス名、割り当てられた生徒の数、実際に割り当てられた生徒の学籍番号を表示することができます。以降の最適化の実行結果は、皆さんの環境によって出力が異なることに注意してください。クラスの対称性から扱っている問題が複数の解をもつためです。

```python
# 最適化結果の表示
# 各クラスに割り当てられている生徒のリストを辞書に格納
C2Ss = {}
for c in C:
    C2Ss[c] = [s for s in S if x[s,c].value()==1]


for c, Ss in C2Ss.items():
    print('Class:', c)
    print('Num:', len(Ss))
    print('Student:', Ss)
    print()
```

```
Class: A
Num: 39
Student: [2, 9, 19, 39, 42, 63, 65, 71, 79, 83, 85, 88, 99,
101, 109, 111, 123, 126, 136, 138, 145, 148, 165, 168, 173,
```

177, 179, 180, 193, 199, 206, 224, 233, 240, 264, 267, 291, 292, 298]

Class: B
Num: 40
Student: [11, 15, 24, 43, 48, 50, 70, 82, 89, 91, 102, 104, 113, 114, 120, 121, 124, 127, 134, 146, 149, 159, 167, 170, 172, 176, 190, 203, 220, 222, 231, 238, 245, 270, 275, 276, 283, 287, 290, 317]

Class: C
Num: 40
Student: [3, 10, 14, 23, 27, 31, 33, 41, 49, 53, 54, 58, 73, 93, 97, 98, 107, 122, 142, 152, 156, 160, 171, 187, 210, 211, 217, 219, 227, 236, 242, 246, 254, 258, 260, 268, 273, 277, 278, 318]

Class: D
Num: 40
Student: [13, 16, 36, 37, 51, 56, 59, 61, 67, 68, 75, 84, 92, 108, 128, 139, 140, 158, 161, 175, 183, 192, 198, 200, 205, 213, 221, 225, 235, 241, 252, 255, 256, 257, 261, 263, 266, 284, 293, 316]

Class: E
Num: 40
Student: [4, 5, 21, 22, 38, 69, 72, 78, 87, 96, 105, 106, 115, 129, 131, 132, 141, 143, 150, 154, 164, 166, 184, 189, 195, 196, 197, 243, 244, 247, 249, 250, 269, 271, 288, 300, 305, 309, 310, 315]

Class: F
Num: 40
Student: [12, 17, 25, 45, 46, 74, 76, 80, 95, 100, 103, 110, 112, 116, 119, 125, 130, 135, 151, 153, 169, 178, 182, 185, 188, 202, 209, 215, 230, 232, 237, 239, 272, 281, 282, 289, 301, 303, 304, 306]

Class: G

```
Num: 39
Student: [7, 18, 28, 32, 35, 40, 44, 52, 55, 57, 60, 64, 66,
81, 117, 118, 147, 155, 181, 186, 194, 204, 207, 208, 214,
216, 223, 226, 228, 229, 262, 265, 279, 280, 296, 299, 308,
312, 313]


Class: H
Num: 40
Student: [1, 6, 8, 20, 26, 29, 30, 34, 47, 62, 77, 86, 90,
94, 133, 137, 144, 157, 162, 163, 174, 191, 201, 212, 218,
234, 248, 251, 253, 259, 274, 285, 286, 294, 295, 297, 302,
307, 311, 314]
```

　プロトタイピングとしては、上記のコードで十分でしょう。実際の実務で
は、複数のデータを準備して検証を行っていくことが望ましく、制約式や目的
関数などのモデルの検討や、最適化アルゴリズムのパラメータ調整も必要にな
ります。ある程度仕様が決まったタイミングで、プログラムの関数化やクラス
化、モジュール化を進めると手戻りが少なくなります。

　さて、本節のまとめとして、ここまでに実装したコードを掲載します。

```python
import pandas as pd
import pulp

s_df = pd.read_csv('students.csv')
s_pair_df = pd.read_csv('student_pairs.csv')

prob = pulp.LpProblem('ClassAssignmentProblem', pulp. ↵
LpMaximize)

# 生徒のリスト
S = s_df['student_id'].tolist()

# クラスのリスト
C = ['A', 'B', 'C', 'D', 'E', 'F', 'G', 'H']

# 生徒とクラスのペアのリスト
```

```python
SC = [(s,c) for s in S for c in C]

# 生徒をどのクラスに割り当てるを変数として定義
x = pulp.LpVariable.dicts('x', SC, cat='Binary')

# （1）各生徒は1つのクラスに割り当てる
for s in S:
    prob += pulp.lpSum([x[s,c] for c in C]) == 1

# （2）各クラスの生徒の人数は39人以上、40人以下とする
for c in C:
    prob += pulp.lpSum([x[s,c] for s in S]) >= 39
    prob += pulp.lpSum([x[s,c] for s in S]) <= 40

# 男子生徒のリスト
S_male = [row.student_id for row in s_df.itertuples() if ↩
row.gender == 1]

# 女子生徒のリスト
S_female = [row.student_id for row in s_df.itertuples() ↩
if row.gender == 0]

# （3）各クラスの男子生徒、女子生徒の人数は20人以下とする
for c in C:
    prob += pulp.lpSum([x[s,c] for s in S_male]) <= 20
    prob += pulp.lpSum([x[s,c] for s in S_female]) <= 20

# 学力を辞書表現に変換
score = {row.student_id:row.score for row in s_df.iter ↩
tuples()}

# 平均点の算出
score_mean = s_df.score.mean()

# （4）各クラスの学力試験の平均点は学年平均点±10点とする
for c in C:
    prob += pulp.lpSum([x[s,c]*score[s] for s in S]) >= ↩
(score_mean - 10) * pulp.lpSum([x[s,c] for s in S])
```

```
        prob += pulp.lpSum([x[s,c]*score[s] for s in S]) <=  ⤶
(score_mean + 10) * pulp.lpSum([x[s,c] for s in S])

# リーダー気質の生徒の集合
S_leader = [row.student_id for row in s_df.itertuples()  ⤶
if row.leader_flag == 1]

# （5）各クラスにリーダー気質の生徒を 2 人以上割り当てる
for c in C:
    prob += pulp.lpSum([x[s,c] for s in S_leader]) >= 2

# 特別な支援が必要な生徒の集合
S_support = [row.student_id for row in s_df.itertuples()  ⤶
if row.support_flag == 1]

# （6）特別な支援が必要な生徒は各クラスに 1 人以下とする
for c in C:
    prob += pulp.lpSum([x[s,c] for s in S_support]) <= 1

# 生徒の特定ペアリスト
SS = [(row.student_id1, row.student_id2) for row in s_  ⤶
pair_df.itertuples()]

# （7）特定ペアの生徒は同一クラスに割り当てない
for row in s_pair_df.itertuples():
    s1 = row.student_id1
    s2 = row.student_id2
    for c in C:
        prob += x[s1,c] + x[s2,c] <= 1

# 求解
status = prob.solve()
print('Status:', pulp.LpStatus[status])

# 最適化結果の表示
# 各クラスに割り当てられている生徒のリストを辞書に格納
C2Ss = {}
for c in C:
```

```
    C2Ss[c] = [s for s in S if x[s,c].value()==1]

for c, Ss in C2Ss.items():
    print('Class:', c)
    print('Num:', len(Ss))
    print('Student:', Ss)
    print()
```

```
Status: Optimal
Class: A
Num: 39
Student: [2, 9, 19, 39, 42, 63, 65, 71, 79, 83, 85, 88, 99,
109, 111, 123, 126, 136, 138, 145, 148, 165, 168, 173, 177,
179, 180, 193, 199, 206, 224, 233, 240, 246, 264, 267, 291,
292, 298]

Class: B
Num: 40
Student: [11, 15, 23, 43, 48, 50, 70, 82, 89, 91, 102, 104,
113, 114, 120, 121, 124, 127, 149, 159, 167, 170, 172, 176,
190, 203, 213, 220, 222, 231, 238, 245, 263, 270, 275, 276,
283, 287, 290, 317]

Class: C
Num: 39
Student: [3, 10, 14, 25, 27, 31, 33, 41, 49, 53, 54, 58, 73,
93, 97, 98, 107, 122, 152, 156, 160, 171, 187, 210, 211,
217, 219, 227, 236, 242, 254, 258, 260, 268, 273, 277, 278,
301, 318]

Class: D
Num: 40
Student: [13, 16, 36, 37, 51, 56, 59, 61, 67, 68, 75, 84,
87, 92, 108, 128, 139, 140, 142, 146, 158, 161, 175, 183,
192, 198, 205, 221, 225, 235, 241, 252, 255, 256, 257, 261,
266, 284, 293, 316]

Class: E
Num: 40
```

```
Student: [4, 5, 21, 22, 24, 38, 69, 72, 78, 96, 105, 106,
115, 129, 132, 141, 143, 150, 154, 164, 166, 184, 189, 195,
196, 197, 200, 212, 243, 244, 249, 250, 269, 271, 288, 300,
305, 309, 310, 315]


Class: F
Num: 40
Student: [1, 12, 17, 45, 46, 62, 74, 76, 80, 95, 100, 101,
103, 110, 112, 116, 119, 125, 130, 134, 135, 151, 153, 169,
178, 182, 185, 188, 202, 209, 230, 232, 239, 272, 281, 282,
289, 303, 304, 306]


Class: G
Num: 40
Student: [7, 18, 28, 32, 35, 44, 52, 55, 57, 60, 64, 66, 81,
117, 118, 131, 147, 155, 181, 186, 194, 204, 207, 208, 214,
215, 216, 223, 226, 228, 229, 262, 265, 279, 280, 296, 299,
308, 312, 313]


Class: H
Num: 40
Student: [6, 8, 20, 26, 29, 30, 34, 40, 47, 77, 86, 90, 94,
133, 137, 144, 157, 162, 163, 174, 191, 201, 218, 234, 237,
247, 248, 251, 253, 259, 274, 285, 286, 294, 295, 297, 302,
307, 311, 314]
```

次節では、モデルの検証方法について解説していきます。

# 3.4　数理モデルの検証

　本節では、実装したモデルの検証を進めていきます。最適化ソルバーを実行して得られた解が、実際に要件を満たしているか、解に偏りがないかを集計や可視化を通じて確認していきましょう。意図どおりのモデルを実装していれば要件が満たされているはずですが、こういった検証から不具合や意図しないプログラムの挙動を発見することができるので、ぜひとも習慣化してください。

それでは、検証を開始します。まずは最適化ソルバーが算出した解が要件を満たしているか確認していきましょう。

### ❶ 解が要件を満たしているかどうか確認する
#### 要件（1）学年の全生徒をそれぞれ 1 つのクラスに割り当てる

まずは、生徒が複数のクラスに割り当てられていないか確認しましょう。次のコードを実行してください。

```
for s in S:
    # 割り当てられたクラスを取得
    assigned_class = [x[s,c].value() for c in C if x[s, ⏎
c].value()==1]

    # 1 つのクラスに割り当てられているか確認
    if len(assigned_class) != 1:
        print('error:', s, assigned_class)
```

error:が表示されないので、全生徒が 1 つのクラスに割り当てられていることが確認できました。

全生徒が 1 つのクラスに割り当てられていることが確認できたので、以降の検算をしやすくするために、各生徒がどのクラスに割り当てられたかの情報を生徒データに結合しておきましょう。次のコードを実行してください。

```
# 検証用のデータフレームの用意
result_df = s_df.copy()

# 各生徒がどのクラスに割り当てられたかの情報を辞書に格納
S2C = {s:c for s in S for c in C if x[s,c].value()==1}

# 生徒データに各生徒がどのクラスに割り当てられたかの情報を結合
result_df['assigned_class'] = result_df['student_id']. ⏎
map(S2C)
result_df.head()
```

| | student_id | gender | leader_flag | support_flag | score | assigned_class |
|---|---|---|---|---|---|---|
| 0 | 1 | 0 | 0 | 0 | 335 | F |
| 1 | 2 | 1 | 0 | 0 | 379 | A |
| 2 | 3 | 0 | 0 | 0 | 350 | C |
| 3 | 4 | 0 | 0 | 0 | 301 | E |
| 4 | 5 | 1 | 0 | 0 | 317 | E |

　上記では割り当てクラスのデータである辞書 S2C を生徒データ s_df ではなく、生徒データのコピーである result_df に追加しています。入力データは変更せずにそのまま残しておくことで、のちのち不具合が入った場合などで調査がしやすくなる場合があります。ここでは、result_df のカラムに assigned_class が追加されていることを確認してください。

**要件 (2)　各クラスの生徒の人数は 39 人以上、40 人以下とする**

　各クラスに割り当てられた人数を確認するために、次のコードを実行してください。

```
result_df.groupby('assigned_class')['student_id'].count()
```

```
assigned_class
A    39
B    40
C    39
D    40
E    40
F    40
G    40
H    40
Name: student_id, dtype: int64
```

39 人のクラスと 40 人のクラスがあることが確認できました。

**要件(3) 各クラスの男子生徒、女子生徒の人数は 20 人以下とする**

　各クラスに割り当てられた男女の人数を確認しましょう。次のコードを実行
してください。

```
result_df.groupby(['assigned_class', 'gender'])['stu ↵
dent_id'].count()
```

```
assigned_class  gender
A               0       20
                1       19
B               0       20
                1       20
C               0       20
                1       19
D               0       20
                1       20
E               0       20
                1       20
F               0       20
                1       20
G               0       20
                1       20
H               0       20
                1       20
Name: student_id, dtype: int64
```

　各クラスの男女の人数が 20 人、または 19 人で、バランスがとれているこ
とが確認できました。

**要件(4) 各クラスの学力試験の平均点は学年平均点±10 点とする**

　各クラスの学力の平均点を確認しましょう。次のコードを実行してくださ
い。

```
result_df.groupby('assigned_class')['score'].mean()
```

```
assigned_class
A    309.000000
B    295.500000
C    312.051282
D    309.625000
E    297.175000
F    294.375000
G    312.825000
H    298.950000
Name: score, dtype: float64
```

　平均点が 303.6 点だったことを思い出すと、クラスの平均点が 293 点〜314 点の間に収まっており、クラス間で平均点に大きな偏りがないことが確認できました。

**要件 (5)　各クラスにリーダー気質の生徒を 2 人以上割り当てる**

　各クラスに割り当てられたリーダー気質の生徒の人数を確認しましょう。次のコードを実行してください。

```
result_df.groupby(['assigned_class'])['leader_flag'].sum()
```

```
assigned_class
A    3
B    2
C    2
D    2
E    2
F    2
G    2
H    2
Name: leader_flag, dtype: int64
```

　各クラスにリーダー気質の生徒が 2 人〜3 人割り当てられており、各クラスに 2 人以上割り当てられていることが確認できました。

## 要件(6) 特別な支援が必要な生徒は各クラスに1人以下とする

各クラスに割り当てられた、特別な支援が必要な生徒の人数を確認しましょう。次のコードを実行してください。

```
result_df.groupby(['assigned_class'])['support_flag'].sum()
```

```
assigned_class
A    0
B    1
C    1
D    0
E    1
F    0
G    1
H    0
Name: support_flag, dtype: int64
```

特別な支援が必要な生徒はクラスに最大1人割り当てられており、分散されていることが確認できます。

## 要件(7) 特定ペアの生徒は同一クラスに割り当てない

最後に、特定ペアが同じクラスに割り当てられていないことを確認しましょう。次のコードを実行してください。

```
for i, (s1, s2) in enumerate(SS):
    print('case:',i)
    c1 = S2C[s1]
    c2 = S2C[s2]
    print('s1 :{}-{}'.format(s1, c1))
    print('s2 :{}-{}'.format(s2, c2))
    print('')
```

```
case: 0
s1:118-G
s2:189-E


case: 1
s1:72-E
```

```
s2:50-B

case: 2
s1:314-H
s2:233-A
```

3 組の特定ペアが異なるクラスに割り当てられていることが確認できました。

## ❷ 設定した制約の見直しと課題の洗い出し

さて、前項により当初設定した要件がすべて満たされていることが確認できましたが、本当に意図したとおりのクラス編成になったのでしょうか？　統計的な感覚が優れている方であれば、次の要件が引っかかっていることでしょう。

> 要件（4）各クラスの学力試験の平均点は学年平均点±10 点とする

この要件は「各クラスの平均点を揃えたい」ということを主張していますが、その分布については考慮していません。そのため各クラスの学力の分布がまったく異なる形状をもつ可能性がある、というわけです。これは確認してみる価値がありそうです。

複雑なグラフを描画するので、データ可視化ライブラリの **matplotlib** を利用しましょう。

```
import matplotlib.pyplot as plt
```

各クラスについて、学力の分布をヒストグラムで描画してみましょう。次のコードを実行してください。

```
fig = plt.figure(figsize=(12,20))
for i, c in enumerate(C):
    cls_df = result_df[result_df['assigned_class']==c]
    ax = fig.add_subplot(4
                         , 2
                         , i+1
                         , xlabel='score'
                         , ylabel='num'
```

```
                       , xlim=(0, 500)
                       , ylim=(0, 20)
                       , title='Class :{: s}'. format(c)
                       )
    ax.hist(cls_df['score'], bins=range(0,500,40))
```

　右図のように可視化すると一目瞭然ですが、あるクラスでは平均点付近の人数が少ない分布になっていて明らかに不自然です。おそらくこのようなクラス編成は、現場では取り入れられないでしょう。困りました。

　最適化プロジェクトでは、たびたびこのような問題が生じます。はじめに提案した数理モデルがそのまま現場適用されることはほとんどありません。これは実務家自身の想像力の欠如だけでなく、扱っている問題特有の暗黙知やデータの特性により、何度も要件変更が起きるためです。このような不確定要素が多いなかでプロジェクトを前進させることができるメンタルの強い人は、最適化の実務に向いているかもしれません。次項では、この問題の解決方法について検討していきましょう。

### ❸ 制約の改善と数理最適化モデルの修正

　前項のような問題が生じるのは、最適化のアプローチが悪かったからなのでしょうか。やはりプログラムでは、現場でクラス編成をしている教員のようにはできないのでしょうか？

　いったん最適化のことは忘れて、現場の教員がどのようにクラス編成をしているのか考えてみましょう。一般的には、次のような方法でクラス編成をしていると言われています。

```
クラス編成の手順
STEP1：学力順で生徒を各クラスに割り当てる
STEP2：クラス間で配置換えを繰り返し、要件を満たすように
　　　　クラスを再編する
```

　なるほど、と思うことでしょう。学力の分布が偏らないようにするためには、クラス編成の第一案として学力の分布が偏らないものを作成しておくのが

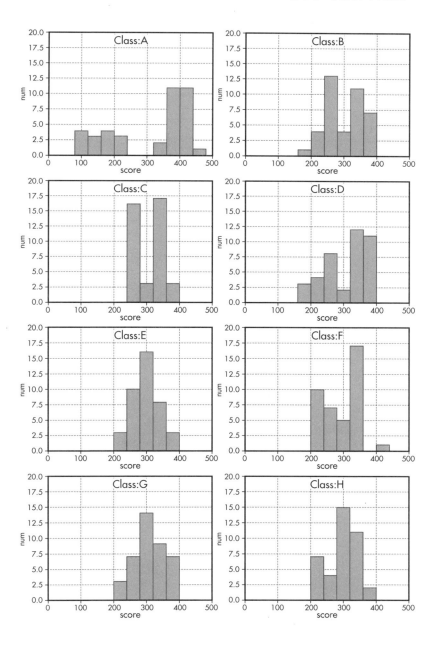

自然な流れです。そのクラス編成からあまり変化がないように配置換えを繰り返せば、学力の分布も偏らず、要件も満たすクラス編成になるわけです。

　それでは、最適化にこの考え方を導入してみましょう。クラス編成の手順を参考に、数理モデルをブラッシュアップします。上記の考え方を参考にすると、次のように数理モデリングすることができます。

---

・**定数**：初期クラス編成フラグ

$init\_flag_{s,c}$　$(s \in S, c \in C)$

・**目的関数**：初期クラス編成とできるだけ一致させる

$\text{maximize} \sum\limits_{s \in S, c \in C} x_{s,c} \cdot init\_flag_{s,c}$

---

　まず、初期クラス編成フラグを定義します。このフラグは生徒 $s$ がクラス $c$ に割り当てられるならば 1 をとり、割り当てられなければ 0 をとる定数です。このとき、目的関数に現れる積 $x_{s,c} \cdot init\_flag_{s,c}$ はなにを表すのでしょうか。

　いま、初期クラス編成において生徒 $s$ がクラス $c$ に割り当てられている、すなわち $init\_flag_{s,c} = 1$ のときを考えてみましょう。最適化結果が初期クラス編成と同じ結果、すなわち生徒 $s$ をクラス $c$ に割り当てる場合は $x_{s,c} = 1$ となるので

$x_{s,c} \cdot init\_flag_{s,c} = 1 \cdot 1 = 1$

となります。一方、最適化結果が初期クラス編成と異なる結果、すなわち生徒 $s$ をクラス $c$ に割り当てない場合は $x_{s,c} = 0$ となるので

$x_{s,c} \cdot init\_flag_{s,c} = 0 \cdot 1 = 0$

となります。なお、初期クラス編成において生徒 $s$ がクラス $c$ に割り当てられていない、すなわち $init\_flag_{s,c} = 0$ のときは、生徒 $s$ がクラス $c$ に割り当てられている場合 $(x_{s,c} = 1)$ も、割り当てられていない場合 $(x_{s,c} = 0)$ も、いずれも $x_{s,c} \cdot init\_flag_{s,c} = 0$ となります。

　ここで、初期クラス編成と最適化結果のクラス編成をできるだけ一致させたいので、目的関数は

$$\sum_{s \in S, c \in C} x_{s,c} \cdot init\_flag_{s,c}$$

を最大化すればよいことがわかります。

　さて、実装を考えましょう。まず、初期クラス編成を作成する必要があります。

```
# 初期クラス編成のデータを作成
# 学力をもとに順位を付与
s_df['score_rank'] = s_df['score'].rank(ascending=False, ⤶
method='first')

# 学力順にクラス編成し、init_assigned_class カラムを作成
class_dic = {0:'A', 1:'B', 2:'C', 3:'D', 4:'E', 5:'F', ⤶
6:'G', 7:'H'}
s_df['init_assigned_class'] = s_df['score_rank'].map ⤶
(lambda x:x % 8).map(class_dic)
s_df.head()
```

|   | student_id | gender | leader_flag | support_flag | score | score_rank | init_assigned_class |
|---|---|---|---|---|---|---|---|
| 0 | 1 | 0 | 0 | 0 | 335 | 109.0 | F |
| 1 | 2 | 1 | 0 | 0 | 379 | 38.0 | G |
| 2 | 3 | 0 | 0 | 0 | 350 | 79.0 | H |
| 3 | 4 | 0 | 0 | 0 | 301 | 172.0 | E |
| 4 | 5 | 1 | 0 | 0 | 317 | 147.0 | D |

　次に、初期クラス編成から、初期クラス編成フラグ init_flag を作成します。

```
# init_flag を作成
init_flag = {(s,c):0 for s in S for c in C}

for row in s_df.itertuples():
    init_flag[row.student_id, row.init_assigned_class] = 1
```

ここで、最適化計算をする前に初期クラス編成の学力の分布が各クラスで偏りがないことを確認しておきましょう。

```python
fig = plt.figure(figsize=(12,20))
for i, c in enumerate(C):
    cls_df = s_df[s_df['init_assigned_class']==c]
    ax = fig.add_subplot(4
                        , 2
                        , i+1
                        , xlabel='score'
                        , ylabel='num'
                        , xlim=(0, 500)
                        , ylim=(0, 20)
                        , title='Class :{:s}'. format(c)
                        )
    ax.hist(cls_df['score'], bins=range(0,500,40))
```

次のページのグラフから、クラスも学力の分布が似ていることが確認できます。最後に最適化モデルに次の目的関数

```python
# 目的関数：初期クラス編成とできるだけ一致させる
prob += pulp.lpSum([x[s,c] * init_flag[s,c] for s,c in SC])
```

を追加すれば完成です。

さて、`prob.solve()`を実行して最適化結果を確認したいところですが、すでに一度`prob.solve()`を実行しているので、モデルを再度定義する必要があります。以下に最適化の実装コード全体を修正したものを掲載したので、以下のコードを実行してください。

```python
import pandas as pd
import pulp


s_df = pd.read_csv('students.csv')
s_pair_df = pd.read_csv('student_pairs.csv')


prob = pulp.LpProblem('ClassAssignmentProblem', pulp. ⏎
LpMaximize)
```

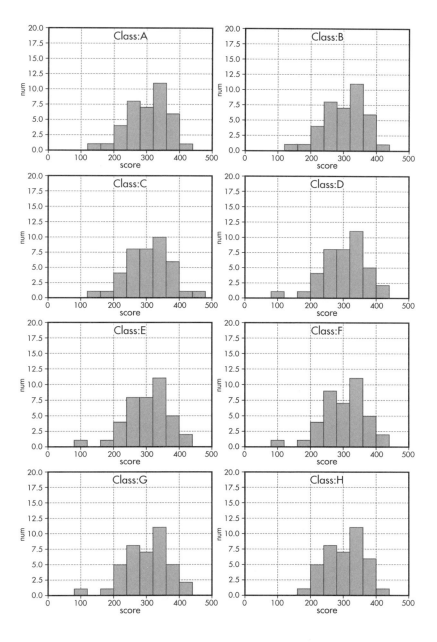

```python
# 生徒のリスト
S = s_df['student_id'].tolist()

# クラスのリスト
C = ['A', 'B', 'C', 'D', 'E', 'F', 'G', 'H']

# 生徒とクラスのペアのリスト
SC = [(s,c) for s in S for c in C]

# 生徒をどのクラスに割り当てるを変数として定義
x = pulp.LpVariable.dicts('x', SC, cat='Binary')

# (1) 各生徒は1つのクラスに割り当てる
for s in S:
    prob += pulp.lpSum([x[s,c] for c in C]) == 1

# (2) 各クラスの生徒の人数は39人以上、40人以下とする
for c in C:
    prob += pulp.lpSum([x[s,c] for s in S]) >= 39
    prob += pulp.lpSum([x[s,c] for s in S]) <= 40

# 男子生徒のリスト
S_male = [row.student_id for row in s_df.itertuples() if
row.gender == 1]

# 女子生徒のリスト
S_female = [row.student_id for row in s_df.itertuples()
if row.gender == 0]

# (3) 各クラスの男子生徒、女子生徒の人数は20人以下とする
for c in C:
    prob += pulp.lpSum([x[s,c] for s in S_male]) <= 20
    prob += pulp.lpSum([x[s,c] for s in S_female]) <= 20

# 学力を辞書表現に変換
score = {row.student_id:row.score for row in s_df.iter
tuples()}
```

```
# 平均点の算出
score_mean = s_df['score'].mean()


# （4）各クラスの学力試験の平均点は学年平均点±10 点とする
for c in C:
    prob += pulp.lpSum([x[s,c]*score[s] for s in S]) >= ⮰
(score_mean - 10) * pulp.lpSum([x[s,c] for s in S])
    prob += pulp.lpSum([x[s,c]*score[s] for s in S]) <= ⮰
(score_mean + 10) * pulp.lpSum([x[s,c] for s in S])


# リーダー気質の生徒の集合
S_leader = [row.student_id for row in s_df.itertuples() ⮰
if row.leader_flag == 1]


# （5）各クラスにリーダー気質の生徒を 2 人以上割り当てる
for c in C:
    prob += pulp.lpSum([x[s,c] for s in S_leader]) >= 2


# 特別な支援が必要な生徒の集合
S_support = [row.student_id for row in s_df.itertuples() ⮰
if row.support_flag == 1]


# （6）特別な支援が必要な生徒は各クラスに 1 人以下とする
for c in C:
    prob += pulp.lpSum([x[s,c] for s in S_support]) <= 1


# 生徒の特定ペアリスト
SS = [(row.student_id1, row.student_id2) for row in s_ ⮰
pair_df.itertuples()]


# （7）特定ペアの生徒は同一クラスに割り当てない
for row in s_pair_df.itertuples():
    s1 = row.student_id1
    s2 = row.student_id2
    for c in C:
        prob += x[s1,c] + x[s2,c] <= 1


# 初期クラス編成を作成
```

```
s_df['score_rank'] = s_df['score'].rank(ascending=False,  ⏎
method='first')
class_dic = {0:'A', 1:'B', 2:'C', 3:'D', 4:'E', 5:'F',  ⏎
6:'G', 7:'H'}
s_df['init_assigned_class'] = s_df['score_rank'].map  ⏎
(lambda x:x % 8).map(class_dic)
init_flag = {(s,c): 0 for s in S for c in C}
for row in s_df.itertuples():
    init_flag[row.student_id, row.init_assigned_class] = 1

# 目的関数：初期クラス編成とできるだけ一致させる
prob += pulp.lpSum([x[s,c] * init_flag[s,c] for s,c in SC])

# 求解
status = prob.solve()
print('Status:', pulp.LpStatus[status])

# 最適化結果の表示
# 各クラスに割り当てられている生徒のリストを辞書に格納
C2Ss = {}
for c in C:
    C2Ss[c] = [s for s in S if x[s,c].value()==1]

for c, Ss in C2Ss.items():
    print('Class:', c)
    print('Num:', len(Ss))
    print('Student:', Ss)
    print()
```

```
Status: Optimal
Class: A
Num: 40
Student: [2, 23, 56, 68, 76, 82, 89, 102, 106, 113, 115,
121, 123, 124, 127, 140, 172, 173, 185, 186, 204, 210, 228,
255, 267, 273, 274, 280, 285, 288, 289, 292, 295, 297, 304,
308, 311, 313, 316, 318]

Class: B
Num: 39
Student: [11, 14, 17, 30, 32, 35, 41, 49, 64, 66, 79, 83,
```

86, 88, 97, 114, 119, 122, 132, 134, 141, 149, 151, 165,
175, 178, 190, 198, 200, 209, 213, 216, 226, 237, 272, 296,
303, 306, 307]


Class: C
Num: 40
Student: [21, 38, 44, 46, 51, 54, 62, 63, 73, 75, 84, 85,
99, 120, 138, 142, 143, 144, 150, 166, 183, 184, 192, 193,
195, 201, 205, 207, 211, 212, 217, 221, 222, 243, 244, 263,
264, 287, 299, 315]


Class: D
Num: 40
Student: [5, 24, 39, 47, 50, 61, 67, 74, 90, 92, 93, 100,
109, 116, 131, 136, 147, 152, 155, 167, 169, 170, 176, 177,
196, 199, 214, 218, 219, 227, 230, 231, 236, 238, 239, 253,
257, 259, 271, 309]


Class: E
Num: 39
Student: [4, 8, 12, 13, 19, 22, 33, 43, 48, 55, 57, 59, 98,
112, 125, 130, 133, 137, 139, 153, 160, 189, 203, 234, 235,
240, 241, 249, 251, 254, 256, 261, 266, 268, 276, 283, 291,
294, 302]


Class: F
Num: 40
Student: [1, 6, 16, 27, 28, 29, 40, 42, 45, 58, 70, 77, 91,
118, 128, 129, 135, 145, 146, 148, 156, 161, 162, 163, 174,
181, 188, 194, 202, 224, 229, 246, 258, 260, 262, 265, 286,
290, 300, 310]


Class: G
Num: 40
Student: [7, 9, 10, 15, 18, 26, 31, 36, 37, 52, 71, 78, 80,
94, 96, 101, 104, 110, 126, 157, 159, 179, 180, 182, 191,
197, 215, 242, 245, 247, 248, 252, 275, 277, 282, 293, 298,
305, 312, 314]

```
Class: H
Num: 40
Student: [3, 20, 25, 34, 53, 60, 65, 69, 72, 81, 87, 95,
103, 105, 107, 108, 111, 117, 154, 158, 164, 168, 171, 187,
206, 208, 220, 223, 225, 232, 233, 250, 269, 270, 278, 279,
281, 284, 301, 317]
```

最適化結果が出力されました。さっそく各クラスの学力の分布が偏っていないか検証しましょう。再度、検証用のデータフレーム result_df2 を作成します。

```
# 検証用のデータフレームの用意
result_df2 = s_df.copy()

# 各生徒がどのクラスに割り当てられたかの情報を辞書に格納
S2C = {s:c for s in S for c in C if x[s,c].value()==1}

# 生徒データに各生徒がどのクラスに割り当てられたかの情報を結合
result_df2['assigned_class'] = result_df2['student_id']. ⮐
map(S2C)
result_df2.head(5)
```

|  | student_id | gender | leader_flag | support_flag | score | score_rank | init_assigned_class | assigned_class |
|---|---|---|---|---|---|---|---|---|
| 0 | 1 | 0 | 0 | 0 | 335 | 109.0 | F | F |
| 1 | 2 | 1 | 0 | 0 | 379 | 38.0 | G | A |
| 2 | 3 | 0 | 0 | 0 | 350 | 79.0 | H | H |
| 3 | 4 | 0 | 0 | 0 | 301 | 172.0 | E | E |
| 4 | 5 | 1 | 0 | 0 | 317 | 147.0 | D | D |

続いて、各クラスの学力の分布を可視化してみましょう（右図）。

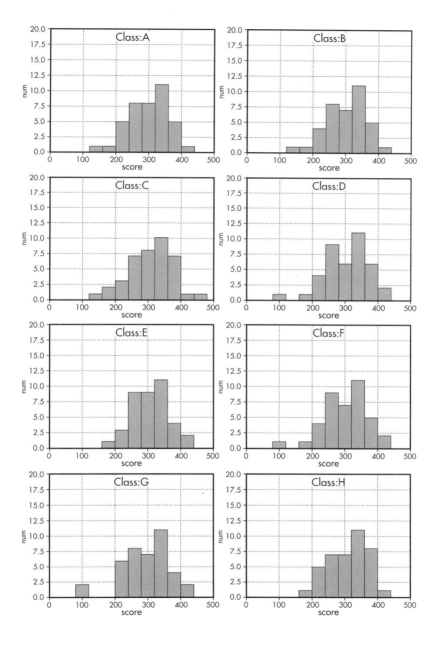

```
fig = plt.figure(figsize=(12,20))
for i, c in enumerate(C):
    cls_df = result_df2[result_df2['assigned_class']==c]
    ax = fig.add_subplot(4
                         , 2
                         , i+1
                         , xlabel='score'
                         , ylabel='num'
                         , xlim=(0, 500)
                         , ylim=(0, 20)
                         , title='Class :{:s}'. format(c)
                         )
    ax.hist(cls_df['score'], bins=range(0,500,40))
```

　どのクラスも学力の分布が似ていることが確認できましたね。読者の皆さんは、ほかの要件についても満たされているか検算してみてください。

　本項では、数理最適化プロジェクトでよく起きる課題に注目し、現場の知見を導入することで課題を解決する方法を紹介しました。繰り返しとなりますが、数理最適化プロジェクトにおいて、はじめに提案した数理モデルがそのまま現場で使われることは滅多にありません。上記のように、いくつもの課題解決を通して数理モデルをブラッシュアップしていくことを常に念頭に置いてください。

# 3.5　第3章のまとめ

　本章では学校のクラス編成を数理最適化問題として扱って定式化を行い、Python ライブラリ PuLP を利用して最適化モデルを実装しました。一連の実装を通して学習したことを以下にまとめます。

・さまざまな要件が数理モデルで表現できること
・入力データの基礎的な統計量を確認すること
・出力データ（最適化結果）を検証すること
・課題に気づき、解決方法を考え、数理モデルをブラッシュアップすること

　また、最適化モデルの実装のしかたとして本編では触れていなかったことがあります。それは、「実装は、可能なかぎり少しずつ進めること」です。

　3.3 節の「数理モデリングと実装」では、紙面の都合で最適化モデルの実装を一気に行いました。つまり、制約式のすべてを実装してから最適化を実行しました。しかしこれは、実務においては得策ではありません。

　クラス編成問題は比較的シンプルな構造をした問題なので、プログラムがうまく動作しなかったとしても、どこに不具合があるか特定しやすいかもしれません。しかし、実務で対象とする問題は非常に複雑になる傾向があり、制約式の数が数十個を超える場合もたびたびあります。数理モデルをすべて実装してから意図した解が得られていないことに気づくと、不具合箇所の特定にとても苦労します。そのため、制約式を定義するたびに最適化を実行し、意図した解が正しく得られているか確認していく実装の進め方を推奨します。また、制約式が追加されるたびに解の振る舞いがどのように変化するか観察しておくことで、自分が解こうとしている問題の特性を理解することもできます。ぜひ意識してみてください。

　次に、紙面の都合で、本編では触れなかった要件と定式化について簡単に紹介しておきましょう。クラス編成問題の拡張として、たとえば次の要件も考えられそうです。

・特定の生徒を指定するクラスに割り当てたい
・特定の生徒を指定するクラスに割り当てたくない
・特定の生徒同士を同じクラスに割り当てたい

これらは非常に簡単な問題なので、読者の皆さんで考えてみてください。

　また、本編で紹介した実装で非効率な箇所についても触れておきます。3.4 節の❸「制約の改善と数理最適化モデルの修正」で定義した以下の目的関数は、実は非効率な実装をしています。

・**定数**：初期クラス編成フラグ
$init\_flag_{s,c}$　$(s \in S, c \in C)$
・**目的関数**：初期クラス編成とできるだけ一致させる
$\text{maximize} \sum_{s \in S, c \in C} x_{s,c} \cdot init\_flag_{s,c}$

なぜなら、目的関数値に影響を与えない項が目的関数に含まれているからです。具体的には、$init\_flag_{s,c}=0$ となる $s$ と $c$ については、常に

$$x_{s,c} \cdot init\_flag_{s,c}=0$$

となるため、目的関数値に影響を与えていません。そこで、$init\_flag_{s,c}=0$ となる $s$ と $c$ については、目的関数から無視するように次のように変更します。

> ・**リスト**：初期クラス編成ペアリスト
> 　$initSC$
> ・**目的関数**：初期クラス編成とできるだけ一致させる
> 　$\displaystyle \text{maximize} \sum_{(s,c) \in initSC} x_{s,c}$

　ここで初期クラス編成ペアリストとは、生徒 $s$ と初期クラス $c$ のペアのリストです。興味のある方は実際に実装してみてください。
　データの規模が小さければ気になりませんが、大規模データを扱う場合には非効率な定式化が原因で動作が遅くなる場合もあるので、覚えておいて損はないでしょう。

# 割引クーポンキャンペーンの効果最大化

## 4.1 導入

　近年では、簡易的に利用できるマーケティングツールが登場し、大企業だけでなく小規模な店舗でも顧客属性や購買履歴の情報を活用できるようになりました。本章では、ある架空の日用品や家具を扱う雑貨店を舞台に、マーケティング施策によって集客効果を最大化する数理モデリングについて学びます。

　本章で想定するマーケティング施策は、割引クーポンを同封したダイレクトメールを会員へ送付する「割引クーポンキャンペーン」で、より多くの会員に店舗へ来店してもらうことを目的とします。

　多くの会員に来店してもらうためには、割引額の大きなクーポンを全会員に対して付与するのがもちろんよいでしょう。しかし実際のマーケティング施策では予算が無尽蔵にあるわけではないので、決められた予算で投資対効果がよくなるように割引額や施策対象者が決められます。

　本ケーススタディでは、予算を 100 万円として、全会員に次の 3 種類のいずれかのパターンのダイレクトメールを送付することにします。

1. セールのチラシのみ
2. セールのチラシと 1,000 円のクーポン
3. セールのチラシと 2,000 円のクーポン

　また、継続的に施策を実施するために、ビジネス上の制約を 1 つ付け加えておきます。次回以降の割引クーポンキャンペーンで利用する来店率のデータを一定数取得するため、各パターンのダイレクトメールを類似した来店傾向の会員をグルーピングしたセグメントごとに 10% 以上ずつ送付することにします。実務においては、ある時点での施策の最適化だけを考えるのではなく、継続的に施策が続くことを前提に全体を最適化していくことも重要なためです。

　つまり、今回の課題は、予算と送付率の制約のもとで、来客数を最大するようなダイレクトメールの送付のしかたを決定することです。

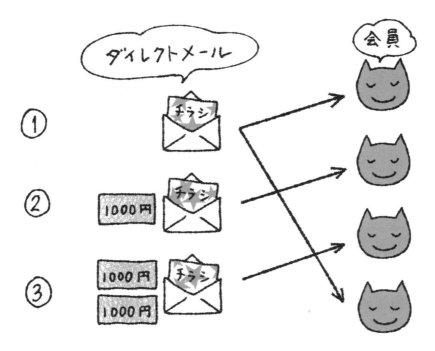

　さて、本課題を解決するにあたり、利用できるデータを確認しておきましょう。この雑貨店には会員が 5,000 人いて、会員情報として年齢区分と昨年度利用回数区分のデータがあります。また、一部の会員にあらかじめアンケートを実施しており、それぞれのパターンのダイレクトメールを受け取ったときに来店するかどうかを調査しています。その結果をもとに、年齢区分と昨年度利用回数区分の組で定義される会員のセグメントに対して、それぞれのパターンのダイレクトメールを受け取ったときに来店する確率が推定されています。

　本章の後半では、施策企画の際に意思決定の要素となる「それぞれのセグメントに属する会員の 10% 以上に送付する」という制約の「10%」という値や、予算の「100 万円」という値を変化させたときに投資対効果がどのように変化するかについて、数理モデルを用いて評価していきます。

　それでは、さっそく問題に取り組んでいきます。それぞれの会員に対してどのダイレクトメールを送ると集客効果を最大化させることができるか、数理モデルを用いて検討してみましょう！

# 4.2　課題整理

　本節では、割引クーポンキャンペーン問題の課題を整理していきます。前章と同様に、言語化していくところから始めましょう。

　まず、キャンペーンを実施するに当たり、数理モデルを通して決定することを明確にしておきます。今回作成するモデルにより決定するのは、全会員に対して、次の 3 つのパターンのうちどのダイレクトメールを送付するか決定することです。

1. セールのチラシのみ
2. セールのチラシと 1,000 円のクーポン
3. セールのチラシと 2,000 円のクーポン

```
・数理モデルによる決定事項
 ⇒各会員に対してどのパターンのダイレクトメールを送付するかを決定
```

　また、効果の高い会員に対して複数のパターンのダイレクトメールを重複して送付したり、効果の低い会員に対してダイレクトメールを 1 つも送らなかったり、ということを防ぐために、各会員に対して送付するダイレクトメールはいずれか 1 パターンという要件を加える必要があります。

```
・送付するダイレクトメールの数
 ⇒各会員に対して送付するダイレクトメールはいずれか 1 パターン
```

　次に、キャンペーンの目的を定義します。このキャンペーンの目的はセール期間の来客数を最大化することですが、本問題では、とくにクーポンを付与したことで増加した来客数を最大化させることとします。

```
・キャンペーンの目的
 ⇒クーポン付与による来客増加数を最大化する
```

ここからは、キャンペーン実施における要件について考えていきます。まずは、キャンペーン予算の要件がすぐに思いつくでしょう。キャンペーン予算は100万円ですが、これは100万円分のクーポンしか発行できないということではありません。実際には、クーポンを送付しても来店がなく利用されない場合もあるためです。

　本問題では、送付したダイレクトメールに付与したクーポンの金額と、そのときの会員の来店率の積が、予算を消費する期待値となります。つまり、会員の予算消費期待値の合計が100万円以下であることが最初のキャンペーンの要件となります。

> ・キャンペーン予算
>
> **⇒会員の予算消費期待値の合計は 100 万円以下**

　次に、次回以降のクーポンキャンペーンでの来店率を収集するための、それぞれの会員のセグメントに送付するダイレクトメールのパターンの下限値に関して要件を考えます。セグメントは、年齢区分と昨年度利用回数区分の組み合わせで与えられます。年齢区分は「19 歳以下、20 歳〜34 歳、35 歳〜49 歳、50 歳以上」の 4 カテゴリ、昨年度利用回数区分は「0 回、1 回、2 回、3 回以上」の 4 カテゴリで、セグメント数は 16 個になります。各パターンのダイレクトメールを、それぞれのセグメントに属する会員の 10% 以上に送付することが 2 つめのキャンペーンの要件です。

> ・次回以降のクーポンキャンペーンで利用する来店率の収集
>
> **⇒各パターンのダイレクトメールをそれぞれのセグメントに属する会員**
> **の 10% 以上に送付**

　ここまで挙げてきた要件をまとめて、次節のデータ理解に進みましょう。

> **割引クーポンキャンペーン問題**
>
> ・数理モデルによる決定事項
> **要件（1）各会員に対してどのパターンのダイレクトメールを送付**
> **するかを決定**

・送付するダイレクトメールの数

**要件（2）各会員に対して送付するダイレクトメールはいずれか**
**1 パターン**

・キャンペーンの目的

**要件（3）クーポン付与による来客増加数を最大化する**

・キャンペーン予算

**要件（4）会員の予算消費期待値の合計は 100 万円以下**

・次回以降のクーポンキャンペーンで利用する来店率の収集

**要件（5）各パターンのダイレクトメールをそれぞれのセグメントに**
**属する会員の 10% 以上に送付**

# 4.3　データ理解

　本節では、割引クーポンキャンペーン問題で利用する、会員データと来店率データの 2 種類のデータについて確認していきます。Python コードを実行していくので、実行環境と利用するデータの説明から始めます。

## ❶ 実行環境

　本章のコードを実行するためには、次の Python ライブラリが必要です。

- pandas
- PuLP
- seaborn
- matplotlib

　あらかじめライブラリをインストールしておくか、読み進めながら必要なタイミングでインストールしてください。

　また、本章で利用するデーター式は、ダウンロードしたフォルダ PyOpt-Book の 4.coupon 以下に置いてあります。フォルダ構成は次のとおりです。

```
PyOptBook
    4.coupon
        customers.csv
        visit_probability.csv
```

customers.csv は会員データ、visit_probability.csv は来店率データです。

以下で実装するコードは 4.coupon フォルダ以下に Jupyter ノートブックを作成することを前提として進めますが、データの読み込み時のパス以外で問題になることはありません。読者の皆さんは任意の作業フォルダで実行することができます。作業フォルダが決まったらフォルダごとコピーをしてください。

## ❷ データの確認

### (1) 会員データ（customers.csv）の確認

それでは、最初に会員データを取得します。

```python
import pandas as pd
cust_df = pd.read_csv('customers.csv')
cust_df.shape
```

```
(5000, 3)
```

会員データは 5,000 行 3 列であることがわかりました。すべての行を目視するのは大変なので、まずはファイル上部のレコードとデータの型について確認してみます。

```python
# ファイル上部のレコード
cust_df.head()
```

| | customer_id | age_cat | freq_cat |
|---|---|---|---|
| 0 | 1 | age20~34 | freq2 |
| 1 | 2 | age35~49 | freq0 |
| 2 | 3 | age35~49 | freq0 |
| 3 | 4 | age~19 | freq0 |
| 4 | 5 | age35~49 | freq0 |

```
# データの型
cust_df.dtypes
```

```
customer_id      int64
age_cat          object
freq_cat         object
dtype: object
```

　カラム名とデータの名称、およびデータの説明を次の表に整理したので確認
してください。

| カラム名 | 名称 | データの説明 |
|---|---|---|
| customer_id | 会員 ID | 1~5,000 の間でユニークな整数値をとる |
| age_cat | 年齢区分 | 19 歳以下：age~19<br>20 歳以上 35 歳未満：age20~34<br>35 歳以上 50 歳未満：age35~49<br>50 歳以上：age50~ |
| freq_cat | 昨年度<br>来店回数<br>区分 | 0 回：freq0<br>1 回：freq1<br>2 回：freq2<br>3 回以上：freq3~ |

　年齢区分と昨年度来店回数区分については、分布も matplotlib で可視化
して確認してみましょう。

```
cust_df['age_cat'].hist()
```

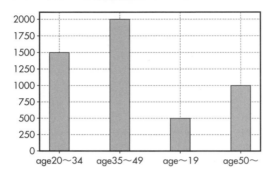

```
cust_df['freq_cat'].hist()
```

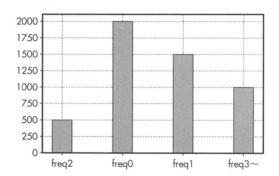

年齢区分は age35~49 が多く age~19 が少ないことが、昨年度来店回数区分
は freq0 が多く freq2 が少ないことがわかりました。

　続いて、年齢区分と昨年度来店回数区分の組合せの人数について確認してい
きましょう。

```
cust_pivot_df = pd.pivot_table(data=cust_df, values=  ⮐
'customer_id', columns='freq_cat', index='age_cat', agg  ⮐
func='count')
cust_pivot_df = cust_pivot_df.reindex(['age~19', 'age20~  ⮐
34', 'age35~49', 'age50~'])
cust_pivot_df
```

| freq_cat | freq0 | freq1 | freq2 | freq3~ |
|---|---|---|---|---|
| age_cat | | | | |
| age~19 | 200 | 150 | 50 | 100 |
| age20~34 | 600 | 450 | 150 | 300 |
| age35~49 | 800 | 600 | 200 | 400 |
| age50~ | 400 | 300 | 100 | 200 |

　年齢区分と昨年度来店回数区分の組合せでは、年齢区分 age35~49 と昨年
度来店回数 freq0 が多く、年齢区分 age~19 と昨年度来店回数 freq2 が少
ないようです。理解を促進するために、可視化のライブラリの seaborn を利
用して 2 軸のヒートマップを描いてみます。

```
import seaborn as sns
sns.heatmap(cust_pivot_df, annot=True, fmt='d', cmap='Bl
ues')
```

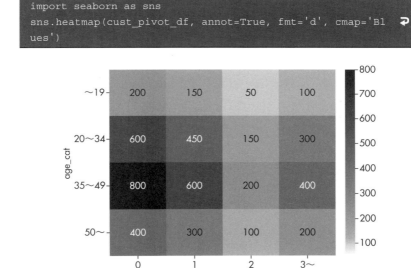

　ヒートマップで可視化することで、より直観的に解釈しやすくなりました。
後述する年齢区分と昨年度来店回数区分の組合せに関する集計でもヒートマッ
プ[†1] を利用していきます。

[†1]　実際の seaborn による描画では項目が age~19、age20~34 のようになりますが、本
書では紙面の都合上、単に~19、20~34 などと記載しています。

## (2) 来店率データ（visit_probability.csv）の確認

続いて、来店率データを確認します。

```
prob_df = pd.read_csv('visit_probability.csv')
prob_df.shape
```

```
(16, 6)
```

来店率データは、16行6列と比較的小さいデータであることがわかりました。
小さなデータなので、全レコード確認してみましょう。

```
prob_df
```

|  | age_cat | freq_cat | segment_id | prob_dm1 | prob_dm2 | prob_dm3 |
|---|---|---|---|---|---|---|
| 0 | age~19 | freq0 | 1 | 0.07 | 0.12 | 0.29 |
| 1 | age~19 | freq1 | 2 | 0.21 | 0.30 | 0.58 |
| 2 | age~19 | freq2 | 3 | 0.28 | 0.39 | 0.74 |
| 3 | age~19 | freq3~ | 4 | 0.35 | 0.45 | 0.77 |
| 4 | age20~34 | freq0 | 5 | 0.11 | 0.17 | 0.37 |
| 5 | age20~34 | freq1 | 6 | 0.32 | 0.43 | 0.72 |
| 6 | age20~34 | freq2 | 7 | 0.42 | 0.55 | 0.93 |
| 7 | age20~34 | freq3~ | 8 | 0.52 | 0.63 | 0.94 |
| 8 | age35~49 | freq0 | 9 | 0.08 | 0.14 | 0.33 |
| 9 | age35~49 | freq1 | 10 | 0.25 | 0.35 | 0.67 |
| 10 | age35~49 | freq2 | 11 | 0.34 | 0.45 | 0.86 |
| 11 | age35~49 | freq3~ | 12 | 0.42 | 0.52 | 0.89 |
| 12 | age50~ | freq0 | 13 | 0.07 | 0.13 | 0.32 |
| 13 | age50~ | freq1 | 14 | 0.21 | 0.33 | 0.65 |
| 14 | age50~ | freq2 | 15 | 0.28 | 0.42 | 0.84 |
| 15 | age50~ | freq3~ | 16 | 0.35 | 0.49 | 0.88 |

　カラム名とデータの名称、およびデータの説明を次の表に整理したので確認してください。

| カラム名 | 名称 | データの説明 |
|---|---|---|
| age_cat | 年齢区分 | 19 歳以下：age~19<br>20 歳以上 35 歳未満：age20~34<br>35 歳以上 50 歳未満：age35~49<br>50 歳以上：age50~ |
| freq_cat | 昨年度来店回数区分 | 0 回：freq0<br>1 回：freq1<br>2 回：freq2<br>3 回以上：freq3~ |
| segment_id | セグメント ID | 年齢区分と昨年度来店回数区分の組合せによる会員のセグメント |
| prob_dm1 | パターン 1 来店率 | 当該セグメントにセールのチラシのみのダイレクトメールを送付したときの来店率 |
| prob_dm2 | パターン 2 来店率 | 当該セグメントにセールのチラシと 1,000 円のクーポンのダイレクトメールを送付したときの来店率 |
| prob_dm3 | パターン 3 来店率 | 当該セグメントにセールのチラシと 2,000 円のクーポンのダイレクトメールを送付したときの来店率 |

　パターン 3 の prob_dm3 の来店率と、age20~34 の年齢区分の来店率が高いことがわかります。全体の傾向を捉えるために可視化してみましょう。

```python
import matplotlib.pyplot as plt
ax = {}
fig, (ax[0], ax[1], ax[2]) = plt.subplots(1,3, figsize= ↵
(20,3))
for i, ptn in enumerate(['prob_dm1', 'prob_dm2', 'prob_ ↵
dm3']):
    prob_pivot_df = pd.pivot_table(data=prob_df, val ↵
ues=ptn, columns='freq_cat', index='age_cat')
    prob_pivot_df = prob_pivot_df.reindex(['age~19', ↵
'age20~34', 'age35~49', 'age50~'])
    sns.heatmap(prob_pivot_df, vmin=0, vmax=1, annot= ↵
True, fmt='.0%', cmap='Blues', ax=ax[i])
    ax[i].set_title(f'Visit Probability of {ptn}')
plt.show()
```

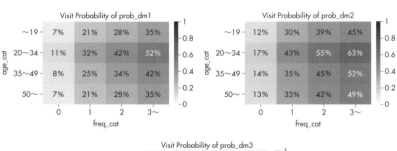

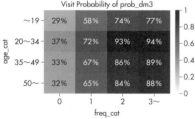

可視化の結果、以下のような傾向がわかります。

・同じセグメントでは、クーポンの金額が大きいパターンの順に
　来店率が高くなる
・同じ年齢区分では、昨年度来店回数が多いほど来店率が高くなる
・同じ昨年度来店回数区分では、age20~34 の来店率が高く
　age~19 の来店率が低い

　これで、おおむねデータの傾向を捉えることができました。さて、どのセグメントの会員に対してクーポンを送付すれば集客効果を最大化できるのでしょうか。次節から、数理モデリングと実装を始めます。

## $4.4$　数理モデリングと実装

　本節では、4.2 節で整理した課題を数理モデルに表現していきます。整理した課題を再掲します。

---

**割引クーポンキャンペーン問題**

・数理モデルによる決定事項
　**要件（1）各会員に対してどのパターンのダイレクトメールを送付
　　　　　するかを決定**
・送付するダイレクトメールの数
　**要件（2）各会員に対して送付するダイレクトメールはいずれか
　　　　　1 パターン**
・キャンペーンの目的
　**要件（3）クーポン付与による来客増加数を最大化する**
・キャンペーン予算
　**要件（4）会員の予算消費期待値の合計は 100 万円以下**
・次回以降のクーポンキャンペーンで利用する来店率の収集
　**要件（5）各パターンのダイレクトメールをそれぞれのセグメントに
　　　　　属する会員の 10% 以上に送付**

---

モデリングのしかたは、必ずしも 1 つに定まるとはかぎりません。複数の方法を考えることができる場合があります。本ケーススタディはその一例として、1 つの問題に対して 2 種類の数理モデリングを行います。1 つめのモデリングでは、会員一人ひとりに対してどのパターンのダイレクトメールを送付するかを決定する問題と捉えます。2 つめのモデリングでは、セグメントに対して各パターンのダイレクトメールをそれぞれどの程度送付するかを決定する問題と捉えます。

　それでは、前節で利用した Jupyter ノートブックに数理モデルを実装していきましょう。

### ❶ モデリング 1：会員個別送付モデル

　1 つめのモデリングは、会員一人ひとりに対してどのパターンのダイレクトメールを送付するかを決定する問題です。つまり、以下の図のように、各パターンのダイレクトメールをそれぞれの会員に送付するかどうかという $\{0, 1\}$ の二択の**離散変数**を考えることになります。離散変数とは、取りうる値が飛び飛びになっていて、その間の連続する値を許容しない変数です。今回の例で言えば、ダイレクトメールは送るか（1）送らないか（0）の二択であり、0.1 や 0.5 などの値はあり得ないため離散変数となります。このモデルを、**会員個別送付モデル**と呼ぶことにします。

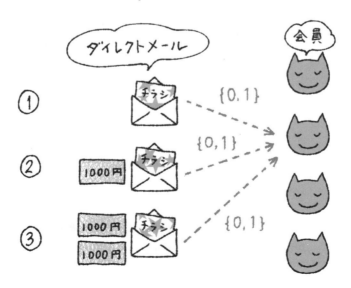

　それでは、ライブラリ PuLP を利用してモデリングを行っていきましょう。

　最初のモデリングで定義する数理モデルをインスタンスとして用意します。ここでは、DiscountCouponProblem1 と名前をつけました。また、今回はキャンペーンの目的が割引クーポン付与による来客増加数を最大化することなので、2 つめの引数として pulp.LpMaximize を指定しておきます。

```
import pulp
problem = pulp.LpProblem(name='DiscountCouponProblem1', ⮐
sense=pulp.LpMaximize)
```

**要件(1)　各会員に対してどのパターンのダイレクトメールを送付するかを決定**

　要件(1)の数理モデリングは次のようになります。会員とダイレクトメールのパターンのリストを定義し、続けて会員に対してどのパターンのダイレクトメールを割り当てるかを表現する変数を定義します。

- **会員のリスト**：$I$
- **ダイレクトメールのパターンのリスト**：$M(=\{1, 2, 3\})$
  1：セールチラシのみ、2：セールチラシと 1,000 円クーポン、
  3：セールチラシと 2,000 円クーポン
- **決定変数**：会員 $i(\in I)$ に対してダイレクトメールのパターン $m(\in M)$ を送付する場合に 1、しない場合に 0 をとる変数

  $x_{im} \in \{0, 1\}$　$(i \in I, m \in M)$

　まず、会員のリスト $I$ とダイレクトメールのパターンのリスト $M$ を定義します。リスト $I$ は、本データでは 1〜5,000 の間の値をとる会員 ID です。リスト $M$ は 3 パターンあり、1 をセールチラシのみのダイレクトメール、2 をセールチラシと 1,000 円クーポンのダイレクトメール、3 をセールチラシと 2,000 円クーポンのダイレクトメールと対応づけます。

今回のモデリングでは、各会員に対して送付するダイレクトメールに着目してモデリングするので、$i(\in I)$ と $m(\in M)$ の組合せに対して決定変数 $x_{im}$ を定義し、$x_{im}=1$ の場合に会員 $i(\in I)$ に対してダイレクトメールのパターン $m(\in M)$ を送付することを、$x_{im}=0$ の場合に送付しないことを表すことにします。

　上記の数理モデルは、次のように実装することができます。まず会員 ID のリスト $I$ を定義します。会員 ID のリストは、入力データである cust_df の customer_id から取得しましょう。

```
# 会員 ID のリスト
I = cust_df['customer_id'].to_list()
```

　続けて、ダイレクトメールのパターンのリスト $M$ は次のように明示的に定義します。

```
# ダイレクトメールのパターンのリスト
M = [1, 2, 3]
```

　次に、会員に対してどのパターンのダイレクトメールを送付するかの変数を定義します。

```
# （1）各会員に対してどのパターンのダイレクトメールを送付するかを決定
xim = {}
for i in I:
    for m in M:
        xim[i,m] = pulp.LpVariable(name=f'xim({i},{m})', ↵
cat='Binary')
# 決定変数の数
len(xim)
```

```
15000
```

　ここでは決定変数 $x_{im}$ の辞書を用意し、顧客 $i$ とダイレクトメールのパターン $m$ の組合せごとに変数を作成しています。今回の決定変数は 0 か 1 をとる二値変数であるため、第 2 引数には Binary を指定します。決定変数の辞書の要素数から、決定変数の数は 5,000 顧客×3 パターンで 15,000 変数となっていることが確認できます。

**要件(2)　各会員に対して送付するダイレクトメールはいずれか1パターン**

要件(2)の数理モデリングは次のようになります。

> ・**要件(2)　各会員に対して送付するダイレクトメールはいずれか**
> 　　　　**1パターン**
> $\sum_{m\in M} x_{im} = 1 \quad (i\in I)$

この制約式によって、同じ会員に対して複数パターンのダイレクトメールを同時に送付したり、どのパターンのダイレクトメールも送らないということを避けることができます。それでは、この要件を実装してみましょう。

```
# (2) 各会員に対して送付するダイレクトメールはいずれか1パターン
for i in I:
    problem += pulp.lpSum(xim[i,m] for m in M) == 1
```

**要件(3)　クーポン付与による来客増加数を最大化**

「クーポン付与による来客増加数」を表現するために、会員にクーポンを付与した場合と付与しなかった場合の来店率の差を利用します。

> ・**定数**：会員 $i(\in I)$ に対してパターン $m(\in M)$ のダイレクトメールを
> 　　　　送付したときの来店率
> $P_{im}\in[0,1] \quad (i\in I, m\in M)$
> ・**要件(3)　クーポン付与による来客増加数を最大化**
> $\sum_{i\in I} \sum_{m\in M} (P_{im} - P_{i1}) x_{im}$

まず、会員 $i(\in I)$ に対してパターン $m(\in M)$ のダイレクトメールを送付したときの来店率 $P_{im}$ を定義します。ある会員 $i$ にパターン $m$ のダイレクトメールを送付した場合の来店増加率は、パターン $m$ の来店率とパターン1（クーポンを付与しない場合）の来店率の差で表されるので、$P_{im} - P_{i1}$ となります。会員 $i$ の来店増加率の期待値は最終的に送付されたダイレクトメールのパターン $m$ のみ考えればよく、次のように表現できます。

$$\sum_{m \in M} (P_{im} - P_{i1}) x_{im}$$

たとえば、会員 $i$ にパターン2のダイレクトメールを送付した場合、$x_{i1} = 0$、$x_{i2} = 1$、$x_{i3} = 0$ となるので

$$\sum_{m \in M} (P_{im} - P_{i1}) x_{im} = (P_{i1} - P_{i1}) \cdot x_{i1} + (P_{i2} - P_{i1}) \cdot x_{i2} + (P_{i3} - P_{i1}) \cdot x_{i3}$$

$$= (P_{i1} - P_{i1}) \cdot 0 + (P_{i2} - P_{i1}) \cdot 1 + (P_{i3} - P_{i1}) \cdot 0 = P_{i2} - P_{i1}$$

となります。ここで、再度目的関数に注目してください。来店増加率は $P_{im} - P_{i1}$ で表されると述べましたが、$m = 1$ の場合 $P_{i1} - P_{i1} = 0$ となり冗長な項であることがわかります。このように目的関数値に影響を与えない項は、数式の変換処理で余分な時間がかかるだけでなく、メモリの消費量も増えるので、実装の際には省いて定義するとよいです。

　それでは、来店率 $P_{im}$ から実装していきましょう。会員データと来店率データを年齢区分と昨年度来店回数区分の列をキーとして結合すると、各会員にそれぞれのパターンのダイレクトメールを送付したときの来店率が得られます。

```python
keys = ['age_cat', 'freq_cat']
cust_prob_df = pd.merge(cust_df, prob_df, on=keys)
cust_prob_df.head()
```

|  | customer_<br>id | age_cat | freq_<br>cat | segment_<br>id | prob_<br>dm1 | prob_<br>dm2 | prob_<br>dm3 |
|---|---|---|---|---|---|---|---|
| 0 | 1 | age20~34 | freq2 | 7 | 0.42 | 0.55 | 0.93 |
| 1 | 199 | age20~34 | freq2 | 7 | 0.42 | 0.55 | 0.93 |
| 2 | 200 | age20~34 | freq2 | 7 | 0.42 | 0.55 | 0.93 |
| 3 | 255 | age20~34 | freq2 | 7 | 0.42 | 0.55 | 0.93 |
| 4 | 269 | age20~34 | freq2 | 7 | 0.42 | 0.55 | 0.93 |

　このデータを利用して、会員 $i$ とダイレクトメールのパターン $m$ の組を
キーとして来店率を返す辞書 Pim を定義します。辞書 Pim を作成する準備と
して、まず会員に対して各パターンのダイレクトメールを送付したときの来店
率が横に並んだ**横持ち**の状態のデータフレームを、1 つの行に 1 つのパターン
の来店率のみを格納した**縦持ち**の形式に変換しておきます。

```
cust_prob_ver_df = cust_prob_df.rename(columns={'prob_ ↵
dm1': 1, 'prob_dm2': 2, 'prob_dm3': 3})\
                   .melt(id_vars=['customer_id'], val ↵
ue_vars=[1,2,3], var_name='dm', value_name='prob')
cust_prob_ver_df
```

|  | customer_id | dm | prob |
|---|---|---|---|
| 0 | 1 | 1 | 0.42 |
| 1 | 199 | 1 | 0.42 |
| 2 | 200 | 1 | 0.42 |
| 3 | 255 | 1 | 0.42 |
| 4 | 269 | 1 | 0.42 |
| ... | ... | ... | ... |
| 14995 | 4474 | 3 | 0.74 |
| 14996 | 4596 | 3 | 0.74 |
| 14997 | 4720 | 3 | 0.74 |
| 14998 | 4910 | 3 | 0.74 |
| 14999 | 4947 | 3 | 0.74 |

縦持ちのデータフレームから、Pim の辞書は以下のように作成できます。

```
Pim = cust_prob_ver_df.set_index(['customer_id','dm']) ⏎
['prob'].to_dict()
```

この辞書 Pim を利用すると、たとえば会員 ID が 1 の会員にパターン 1 のダイレクトメールを送付したときの来店率を以下のように取得できます。

```
Pim[1,1]
```

```
0.42
```

目的関数で利用する定数が準備できたので、目的関数を実装してみましょう。

```
# （3）クーポン付与による来客増加数を最大化
problem += pulp.lpSum((Pim[i,m] - Pim[i,1]) * xim[i,m] ⏎
for i in I for m in [2,3])
```

上で述べたとおり、クーポンを付与しない場合には目的関数値に影響を与えないため、実装では 1,000 円のクーポンを送付するパターン 2 と 2,000 円のクーポンを送付するパターン 3 についてのみ処理をしています。

**要件 (4) 会員の予算消費期待値の合計は 100 万円以下**

ここからはキャンペーンの実施における制約条件の実装です。要件 (4) のモデリングは次のようになります。

- **定数**：ダイレクトメールのパターン $m(\in M)$ に付与するクーポンの金額
  $C_m \in \{0, 1000, 2000\}$ （$m \in M$）
- **要件 (4) 会員の予算消費期待値の合計は 100 万円以下**
  $\sum_{i \in I} \sum_{m \in M} C_m P_{im} x_{im} \leq 1000000$

まず、ダイレクトメールのパターン $m(\in M)$ に付与するクーポンの金額 $C_m$ を定義します。今回の問題ではそれぞれ $C_1$ が 0 円、$C_2$ が 1,000 円、$C_3$ が 2,000 円です。会員 $i$ に対してダイレクトメールのパターン $m$ を送ったときの

予算消費期待値は、クーポンの金額と来店率の積 $C_m P_{im}$ 円です。また、会員 $i$ の予算消費期待値は最終的に送付されたダイレクトメールのパターン $m$ のみ考えればよいことに注意すると、$\sum_{m \in M} C_m P_{im} x_{im}$ で表現されることがわかります。最後に、全会員に対して予算消費期待値を 100 万円に抑えることを表現すれば、以下の式が導かれます。

$$\sum_{i \in I} \sum_{m \in M} C_m P_{im} x_{im} \leq 1000000$$

それでは、要件(4)を実装していきましょう。まず、ダイレクトメールのパターンをキーとしてクーポンの金額を返す辞書 Cm を定義します。

```
Cm = {1:0, 2:1000, 3:2000}
```

ここでも要件(3)のとき解説したように、クーポンを付与しない場合は目的関数値に影響を与えないため、省略することで効率のよい実装となります。要件(4)は次のように実装することができます。

```
# (4) 顧客の消費する費用の期待値の合計は 100 万円以下
problem += pulp.lpSum(Cm[m] * Pim[i,m] * xim[i,m] for i in ↵
I for m in [2,3]) <= 1000000
```

### 要件(5)　各パターンのダイレクトメールをそれぞれのセグメントに属する会員 10% 以上に送付

要件(5)のモデリングは次のようになります。

・年齢区分、昨年度来店回数区分によるセグメントのリスト：$S$

・定数：セグメント $s(\in S)$ に属する会員数

$N_s \in \mathbb{N}^{[2]}$　$(s \in S)$

・定数：会員 $i(\in I)$ がセグメント $s(\in S)$ に属する場合 1、そうでない場合に 0 となる定数

$Z_{is} \in \{0, 1\}$　$(i \in I, s \in S)$

[2]　$\mathbb{N}$ は非負整数を表します。

要件(5)をモデリングするために、それぞれのセグメントに属する会員数を表す定数 $N_s$ と、会員 $i (\in I)$ がセグメント $s (\in S)$ に属するかどうかを表す定数 $Z_{is}$ を準備します。

「セグメントに属する会員」のように、ある条件を満たした対象を数式で表したい場合、条件を満たす場合に 1、そうでない場合に 0 をとる定数を用意することで表現できます。たとえば、セグメント 1 に属する会員数は $\sum_{i \in I} Z_{i1}$ と表せます。このように定義した定数 $Z_{is}$ を用いると、セグメント $s$ でダイレクトメールのパターン $m$ を送付した人数は $\sum_{i \in I} Z_{is} x_{im}$ と表すことができます。

それでは要件(5)について実装していきましょう。まず、セグメントのリスト $S$ とセグメント $s (\in S)$ をキーとして、属する会員数 $N_s$ を返す辞書 Ns を実装します。会員数の集計には、pandas の groupby 関数を利用します。

```
# セグメントのリスト
S = prob_df['segment_id'].to_list()
len(S)
```

```
16
```

```
# 各セグメントとそのセグメントに属する顧客数を対応させる辞書の作成
Ns = cust_prob_df.groupby('segment_id')['customer_id'] ↵
.count().to_dict()
print(Ns)
```

```
{1: 200, 2: 150, 3: 50, 4: 100, 5: 600, 6: 450, 7: 150, 8:
300, 9: 800, 10: 600, 11: 200, 12: 400, 13: 400, 14: 300,
15: 100, 16: 200}
```

16 個のセグメントに属する会員数の辞書を作成することができました。

　続いて、会員 $i(\in I)$ がセグメント $s(\in S)$ に属するかどうかを表す定数 $Z_{is}$ を考えます。

　制約条件のなかで条件判定をする際に、数式の表現と同様に「セグメントに属する場合には 1、そうでない場合に 0 となる定数を用意し、そうでない場合に 0 を加算していく」という処理もできますが、実装上は if 文を利用し条件に合致するもののみ数理モデルのインスタンスへ追加していくほうが効率的です。そこで、会員 $i$ がセグメント $s$ に属するかどうかの $\{0, 1\}$ の定数でなく、会員をキーとして属するセグメントを返す辞書 Si を用意します。

```
# 会員をキーとして属するセグメントを返す辞書
Si = cust_prob_df.set_index('customer_id')['segment_id'] ⏎
.to_dict()
```

　各セグメントと各ダイレクトメールのパターンの組合せごとに、セグメントに属する 10% 以上の会員に対してダイレクトメールを送付することを表す制約条件を実装します。以下のように if 文を利用することで、セグメントに属する会員のみインスタンスへ追加できます。

```
# (5) 各パターンのダイレクトメールをそれぞれのセグメントに属する会 ⏎
員数の 10% 以上送付
for s in S:
    for m in M:
        problem += pulp.lpSum(xim[i,m] for i in I if Si ⏎
[i] == s) >= 0.1 * Ns[s]
```

　ここで一度、数理モデルをまとめてみましょう。

> **・リスト**
>
> $I$：会員のリスト
>
> $M$：ダイレクトメールのパターンのリスト（1：セールチラシのみ、
> 2：セールチラシと 1,000 円クーポン、3：セールチラシと
> 2,000 円クーポン）
>
> $S$：年齢区分、昨年度来店回数区分によるセグメントのリスト
>
> **・決定変数**
>
> $x_{im} \in \{0, 1\} \quad (i \in I, m \in M)$
>
> **・定数**
>
> $Z_{is}$：会員 $i(\in I)$ がセグメント $s(\in S)$ に属する場合 1、
> そうでない場合に 0 となる定数
>
> $P_{im}$：会員 $i(\in I)$ に対してダイレクトメールのパターン $m(\in M)$ を
> 送付したときの来店率
>
> $N_s$：セグメント $s(\in S)$ に属する会員数
>
> $C_m$：ダイレクトメールのパターン $m(\in M)$ に付与するクーポンの金額
>
> **・制約条件**
>
> $\sum\limits_{i \in I} \sum\limits_{m \in M} C_m P_{im} x_{im} \leq 1000000$
>
> $\sum\limits_{i \in I} Z_{is} x_{im} \geq 0.1 \cdot N_s \quad (s \in S, m \in M)$
>
> $\sum\limits_{m \in M} x_{im} = 1 \qquad (i \in I)$
>
> **・目的関数（最大化）**
>
> $\sum\limits_{i \in I} \sum\limits_{m \in M} (P_{im} - P_{i1}) x_{im}$

　以上で数理モデリングと実装が完了しました。それでは solve メソッドを利用して問題を解いてみましょう。

　今回は time ライブラリを利用して計算時間も確認してみます。

```
# 時間を計測
import time
time_start = time.time()
status = problem.solve()
time_stop = time.time()
```

```
print(f'ステータス:{pulp.LpStatus[status]}')
print(f'目的関数値:{pulp.value(problem.objective):.4}')
print(f'計算時間:{(time_stop - time_start):.3}(秒)')
```

```
ステータス:Optimal
目的関数値:326.1
計算時間:3.07(秒)
```

　ステータスが Optimal となったので、無事に最適解を得ることができたこ
とがわかります[†3]。来客増加数である目的関数値が 326.1 であることから、
100 万円投資してキャンペーンを行うことで、全会員へクーポンを付与しない
ダイレクトメールを送付するよりも約 326 人多くの来客者を獲得できると解
釈できます。今回のキャンペーンでの投資対効果を来店数 1 人あたりの獲得
費用（**CPA**：cost per action）で換算すると、100 万円／326 人より約 3,067 円
で 1 会員の来客を増やすことができると評価できます。
　続いて、実際に得られた解を確認して、どのセグメントに対してクーポンが
付与されているか確認してみましょう。準備として、会員 $i$ に対してどのパ
ターンのダイレクトメールを送付するかの解 xim[i,m].value() を加工して
データフレームの形にします。

```
send_dm_df = pd.DataFrame([[xim[i,m].value() for m in M] ↵
for i in I], columns=['send_dm1', 'send_dm2', 'send_dm3'])
send_dm_df.head()
```

|   | send_dm1 | send_dm2 | send_dm3 |
|---|---|---|---|
| 0 | 0.0 | 1.0 | 0.0 |
| 1 | 0.0 | 1.0 | 0.0 |
| 2 | 0.0 | 1.0 | 0.0 |
| 3 | 0.0 | 1.0 | 0.0 |
| 4 | 0.0 | 1.0 | 0.0 |

[†3]　モデリング 1 の問題は PuLP で標準的に利用される CBC でない一部のソルバーでは解が
得られないことを確認しています。もし解が得られない場合は書籍の結果のみ確認し、モデリ
ング 2 から再度実装を進めてみてください。

```
cust_send_df = pd.concat([cust_df[['customer_id', 'age_ ↵
cat', 'freq_cat']], send_dm_df], axis=1)
cust_send_df.head()
```

|   | customer_id | age_cat | freq_cat | send_dm1 | send_dm2 | send_dm3 |
|---|---|---|---|---|---|---|
| 0 | 1 | age20~34 | freq2 | 0.0 | 1.0 | 0.0 |
| 1 | 2 | age35~49 | freq0 | 0.0 | 1.0 | 0.0 |
| 2 | 3 | age35~49 | freq0 | 0.0 | 1.0 | 0.0 |
| 3 | 4 | age~19 | freq0 | 0.0 | 1.0 | 0.0 |
| 4 | 5 | age35~49 | freq0 | 0.0 | 1.0 | 0.0 |

　加工したデータフレームでは、送付パターンのカラム send_dm1、send_dm2、send_dm3 で、それぞれの会員に対して各パターンのダイレクトメールを送付するかしないかがわかるようになりました。

　4.3 節と同様に可視化を行うことで、各セグメントに対するそれぞれのダイレクトメールの送付率と送付数を確認してみましょう。

```
# 各セグメントに対するそれぞれのダイレクトメールの送付率
ax = {}
fig, (ax[0], ax[1], ax[2]) = plt.subplots(1,3, figsize= ↵
(20,3))
for i, ptn in enumerate(['send_dm1', 'send_dm2', 'send_ ↵
dm3']):
    cust_send_pivot_df = pd.pivot_table(data=cust_send_ ↵
df, values=ptn, columns='freq_cat', index='age_cat', agg ↵
func='mean')
    cust_send_pivot_df = cust_send_pivot_df.reindex ↵
(['age~19', 'age20~34', 'age35~49', 'age50~'])
    sns.heatmap(cust_send_pivot_df, annot=True, fmt='. ↵
1%', cmap='Blues', vmin=0, vmax=1, ax=ax[i])
    ax[i].set_title(f'{ptn}_rate')
plt.show()
```

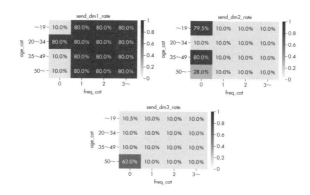

```
# 各セグメントに対するそれぞれのダイレクトメールの送付数
ax = {}
fig, (ax[0], ax[1], ax[2]) = plt.subplots(1,3, figsize=
(20,3))
for i, ptn in enumerate(['send_dm1', 'send_dm2', 'send_
dm3']):
    cust_send_pivot_df = pd.pivot_table(data=cust_send_
df, values=ptn, columns='freq_cat', index='age_cat',
aggfunc='sum')
    cust_send_pivot_df = cust_send_pivot_df.reindex
(['age~19', 'age20~34', 'age35~49', 'age50~'])
    sns.heatmap(cust_send_pivot_df, annot=True, fmt='.
1f', cmap='Blues', vmax=800, ax=ax[i])
    ax[i].set_title(f'{ptn}_num')
plt.show()
```

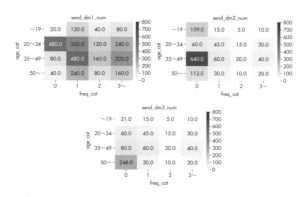

可視化された送付率の分布を見ると、要件(5)の条件どおり、すべてのセグメントに対して各パターンのダイレクトメールが 10% 以上送付されているようです。また、年齢区分は age50~ で昨年度来店回数区分は freq0 のセグメントでは 2,000 円のクーポンが 62% と多く、年齢区分は age~19 と age35~49 で昨年度来店回数区分は freq0 のセグメントの会員では 1,000 円のクーポンが約 80% と多く送付されているようです。

　詳しい考察は次の節で行うので、2 つめの数理モデリングへ進みましょう。

### ❷ モデリング 2：セグメント送付モデル

　2 つめのモデリングは、会員のセグメントに対して各パターンのダイレクトメールをどの程度送付するかを決定する問題です。これを**セグメント送付モデル**と呼ぶことにします。

　このモデルでは、各パターンのダイレクトメールを各セグメントにどの程度の割合で送付するか、という$[0, 1]$（0 から 1 の**連続変数**）を決定します。

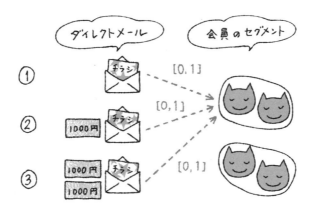

　まず、2 つめのモデリングで定義する数理モデルに DiscountCouponProblem2 と名前をつけて、インスタンスを初期化します。今回もキャンペーンの目的は変わらずクーポン付与による来客増加数を最大化することなので、2 つめの引数として pulp.LpMaximize を指定します。

```
# 数理モデルのインスタンス作成
problem = pulp.LpProblem(name='DiscountCouponProblem2', ⮐
sense=pulp.LpMaximize)
```

### 要件(1)　各会員に対してどのパターンのダイレクトメールを送付するかを決定

　さきほどのモデリング 1 では、要件(1)のとおり、会員に対してどのパターンのダイレクトメールを送付するかを表現する変数を定義しました。しかし会員の来店率をセグメントごとにしか見積もっていないため、モデリング 1 のなかで 5,000 人の会員それぞれを区別して扱うことはありませんでした。つまり、同じセグメントに属する会員であるならばどの会員に送付しても来店率は変わらない、という暗黙の前提のもとでモデリングを行っていたのです。

　モデリング 2 では、同じセグメントに属する会員の来店率の見積もりは変わらないことを利用して、「各会員に対してどのパターンのダイレクトメールを送付するか」を「各セグメントに対してそれぞれのパターンのダイレクトメールをどの程度送付するか」と異なる視点から捉え直します。モデリング 2 での要件(1)のモデリングは、各セグメントに対するそれぞれのパターンのダイレクトメールの送付率を決定変数として、次のように表します。

---

・**決定変数**：セグメント $s\,(\in S)$ に対するダイレクトメールのパターン $m\,(\in M)$ の送付率

$x_{sm} \in [0, 1]\quad (s \in S, m \in M)$

---

　リストはモデリング 1 で実装済みのものを利用します。$x_{sm}$ の定義域が、$\{0, 1\}$ の 2 値から $[0, 1]$ の連続値に変わったことに注意してください。それでは、各セグメントに対する各パターンのダイレクトメールの送付率の変数を定義します。

```
# (1) 各会員に対してどのパターンのダイレクトメールを送付するかを決定
xsm = {}
# [0,1] の変数を宣言
for s in S:
    for m in M:
        xsm[s,m] = pulp.LpVariable(name=f'xsm({s},{m})', ⮑
lowBound=0, upBound=1, cat='Continuous')
len(xsm)
```

48

モデリング1では15,000変数が必要でしたが、モデリング2ではセグメント数16とダイレクトメールのパターン数3の積で48変数となりました。

**要件(2) 各会員に対して送付するダイレクトメールはいずれか1パターン**

次に、要件(2)のモデリングは次のようになります。

> ・**要件(2) 各会員に対して送付するダイレクトメールはいずれか**
> **1パターン**
> $$\sum_{m \in M} x_{sm} = 1 \quad (s \in S)$$

すべての会員に対していずれかのダイレクトメールを送付するという要件は、セグメントに関して書き換えると、各セグメントに送付するダイレクトメールのパターンの送付率の和が100%であることになります。

```
# (2) 各会員に対して送付するダイレクトメールはいずれか1パターン
for s in S:
    problem += pulp.lpSum(xsm[s,m] for m in M) == 1
```

**要件(3) クーポン付与による来客増加数を最大化**

次に、要件(3)のモデリングについて考えていきます。

> ・**定数**：セグメント $s(\in S)$ の会員に対してダイレクトメールパターン
> $m(\in M)$ で送付したときの来店率
> $$P_{sm} \in [0, 1] \quad (s \in S, m \in M)$$
> ・**要件(3) クーポン付与による来客増加数を最大化**
> $$\sum_{s \in S} \sum_{m \in M} N_s (P_{sm} - P_{s1}) x_{sm}$$

セグメント $s$ にパターン $m$ のダイレクトメールを送付した場合の来店増加率は、パターン $m$ の来店率とパターン1（クーポンを付与していない場合）の来店率の差で表せるので、$P_{sm} - P_{s1}$ となります。よって、セグメント $s$ にパターン $m$ のダイレクトメールを $x_{sm}$ の割合で送付した場合の来客増加数は、セグメント $s$ の所属数 $N_s$ を用いて $N_s(P_{sm} - P_{s1})x_{sm}$ と表されます。すなわち、

セグメント $s$ の来客増加数の期待値は $\sum_{m\in M} N_s(P_{sm}-P_{s1})x_{sm}$ となるので、クーポン付与による来客増加数は、$\sum_{s\in S}\sum_{m\in M} N_s(P_{sm}-P_{s1})x_{sm}$ となることがわかります。

　それでは、モデリング 1 で現れていなかったセグメント $s(\in S)$ に対して、パターン $m(\in M)$ のダイレクトメールを送付したときの来店率 $P_{sm}$ を新たに定義します。

```
prob_ver_df = prob_df.rename(columns={'prob_dm1': 1,
'prob_dm2': 2, 'prob_dm3': 3})\
                    .melt(id_vars=['segment_id'], val
ue_vars=[1,2,3], var_name='dm', value_name='prob')
Psm = prob_ver_df.set_index(['segment_id','dm'])['prob']
.to_dict()
```

目的関数で利用する定数が準備できました。目的関数を実装しましょう。

```
# （3）クーポン付与による来客増加数を最大化
problem += pulp.lpSum(Ns[s] * (Psm[s,m] - Psm[s,1]) * xsm
[s,m] for s in S for m in [2,3])
```

### 要件（4）　会員の予算消費期待値の合計は 100 万円以下

　続いて、キャンペーン実施のための制約条件の実装です。要件(4)のモデリングは、次のようになります。

> ・要件（4）　会員の予算消費期待値の合計は 100 万円以下
> $$\sum_{s\in S}\sum_{m\in M} C_m N_s P_{sm} x_{sm} \le 1000000$$

　要件(4)も目的関数と同様に、来店率から来店数に変換するためにセグメントに属する会員数 $N_s$ を乗じています。要件(4)は次のように実装できます。

```
# （4）会員の予算消費期待値の合計は100万円以下
problem += pulp.lpSum(Cm[m] * Ns[s] * Psm[s,m] * xsm[s,m]  ⮐
for s in S for m in [2,3]) <= 1000000
```

**要件(5)　各パターンのダイレクトメールをそれぞれのセグメントに属する会員数の 10% 以上送付**

最後に、要件(5)のモデリングは次のようになります。

・**要件（5）各パターンのダイレクトメールをそれぞれのセグメントに属する会員数の 10% 以上送付**

$x_{sm} \geq 0.1 \quad (s \in S, m \in M)$

モデリング2では、セグメントに対する各ダイレクトメールのパターンの送付率を決定変数としているため、次のようにシンプルに実装できます。

```
# （5）各パターンのダイレクトメールをそれぞれのセグメントに属する会員数
の 10% 以上送付
for s in S:
    for m in M:
        problem += xsm[s,m]  >= 0.1
```

ここで、モデリング2の数理モデルをまとめてみましょう。

・**リスト**

$M$：ダイレクトメールのパターンのリスト

$S$：年齢区分、昨年度来店回数区分によるセグメントのリスト

・**決定変数**

$x_{sm} \in [0, 1] \quad (s \in S, m \in M)$

・**定数**

$P_{sm}$：セグメント $s(\in S)$ の会員に対してダイレクトメールパターン $m(\in M)$ で送付したときの来店率

$N_s$：セグメント $s(\in S)$ に属する会員数

$C_m$：ダイレクトメールのパターン $m(\in M)$ に付与するクーポンの金額

- **制約条件**

$$\sum_{s\in S}\sum_{m\in M} C_m N_s P_{sm} x_{sm} \le 1000000$$

$$x_{sm} \ge 0.1 \quad (s\in S, m\in M)$$

$$\sum_{m\in M} x_{sm} = 1 \quad (s\in S)$$

- **目的関数（最大化）**

$$\sum_{s\in S}\sum_{m\in M} N_s(P_{sm} - P_{s1}) x_{sm}$$

モデリング 2 についても、solve メソッドで問題を解いてみます。

```python
time_start = time.time()
status = problem.solve()
time_stop = time.time()

print(f' ステータス:{pulp.LpStatus[status]}')
print(f' 目的関数値:{pulp.value(problem.objective):.4}')
print(f' 計算時間:{(time_stop - time_start):.3}(秒)')
```

```
ステータス: Optimal
目的関数値: 326.1
計算時間: 0.0167(秒)
```

目的関数値について、モデリング 1 のときと同じ値が得られました。念の
ため得られた解を確認してみましょう。

```python
send_dm_df = pd.DataFrame([[xsm[s,m].value() for m in M]
for s in S], columns=['send_prob_dm1', 'send_prob_dm2',
'send_prob_dm3'])
seg_send_df = pd.concat([prob_df[['segment_id', 'age_
cat', 'freq_cat']], send_dm_df], axis=1)

# 各セグメントに対するそれぞれのダイレクトメールの送付率
ax = {}
fig, (ax[0], ax[1], ax[2]) = plt.subplots(1,3, figsize=
(20,3))
for i, ptn in enumerate(['send_prob_dm1', 'send_prob_
dm2', 'send_prob_dm3']):
```

```
    seg_send_pivot_df = pd.pivot_table(data=seg_send_df,  ⏎
values=ptn, columns='freq_cat', index='age_cat', agg  ⏎
func='mean')
    seg_send_pivot_df = seg_send_pivot_df.reindex(['age~  ⏎
19', 'age20~34', 'age35~49', 'age50~'])
    sns.heatmap(seg_send_pivot_df, annot=True, fmt='.  ⏎
1%', cmap='Blues', vmin=0, vmax=1, ax=ax[i])
    ax[i].set_title(f'{ptn}')
plt.show()
```

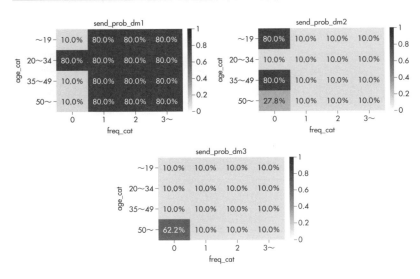

```
seg_send_df['num_cust'] = seg_send_df['segment_id'].ap  ⏎
ply(lambda x: Ns[x])
seg_send_df['send_num_dm1'] = seg_send_df['send_prob_  ⏎
dm1']*seg_send_df['num_cust']
seg_send_df['send_num_dm2'] = seg_send_df['send_prob_  ⏎
dm2']*seg_send_df['num_cust']
seg_send_df['send_num_dm3'] = seg_send_df['send_prob_  ⏎
dm3']*seg_send_df['num_cust']
seg_send_df[['segment_id','send_num_dm1','send_num_  ⏎
dm2','send_num_dm3']].head()
```

| | segment_id | send_num_dm1 | send_num_dm2 | send_num_dm3 |
|---|---|---|---|---|
| 0 | 1 | 20.0 | 160.0 | 20.0 |
| 1 | 2 | 120.0 | 15.0 | 15.0 |
| 2 | 3 | 40.0 | 5.0 | 5.0 |
| 3 | 4 | 80.0 | 10.0 | 10.0 |
| 4 | 5 | 480.0 | 60.0 | 60.0 |

```
# 各セグメントに対するそれぞれのダイレクトメールの送付数
ax = {}
fig, (ax[0], ax[1], ax[2]) = plt.subplots(1,3, figsize=
(20,3))
for i, ptn in enumerate(['send_num_dm1','send_num_dm2',
'send_num_dm3']):
    seg_send_pivot_df = pd.pivot_table(data=seg_send_df,
values=ptn, columns='freq_cat', index='age_cat')
    seg_send_pivot_df = seg_send_pivot_df.reindex(['age~
19', 'age20~34', 'age35~49', 'age50~'])
    sns.heatmap(seg_send_pivot_df, annot=True, fmt='.
1f', cmap='Blues', vmin=0, vmax=800, ax=ax[i])
    ax[i].set_title(f'{ptn}')
plt.show()
```

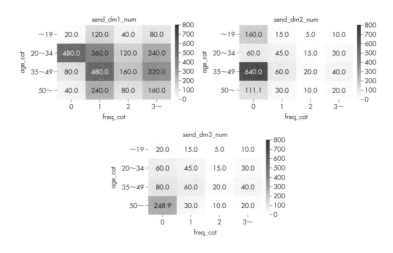

解の分布を確認してみましょう。まず、年齢区分は age50~ で昨年度来店回数区分は freq0 のセグメントでは 2,000 円のクーポンが約 62% と多く、年齢区分は age~19 と age35~49 で昨年度来店回数区分は freq0 のセグメントには 1,000 円のクーポンが 80% と多く送付されています。つまり、モデリング 1 とおおむね同様の解が得られることがわかりました。

　読者の皆さんのなかには、モデリング 1 とモデリング 2 の結果で、送付率や送付数でわずかに値が異なる部分に気がついた方もいるかもしれません。たとえば、モデリング 1 で年齢区分 age50～昨年度来店回数区分 freq0 のセグメントに 2,000 円のクーポンを送付する人数は 248 人でしたが、モデリング 2 では 248.9 人となっています。このわずかな差は、モデリング 1 では各会員へ送付するかどうかの {0,1} を範囲にとる離散変数を決定変数としたのに対して、モデリング 2 では各セグメントへの送付率という [0,1] を範囲にとる連続変数を決定変数としたために生じています。実際に最適化の結果を利用する観点では、小数の部分を切り下げして送付する、などの処理をしても影響はないでしょう。

　最後に、4.4 節のまとめとして、モデリング 1 とモデリング 2 を比較してみましょう。モデリング 1 とモデリング 2 では、数理モデルの解きやすさの観点で異なる点が 2 つあります。

　1 つめは**決定変数の数**です。一般的に、決定変数の数が多ければ多いほど、最適化問題の求解に多くの時間を要します。モデリング 1 では、会員数×ダイレクトメールのパターン数が決定変数の数となっていたため、会員数が多くなるほど決定変数の数も多くなり、問題が解きづらくなってしまいます。一方でモデリング 2 では、セグメント数×ダイレクトメールのパターン数が決定変数の数となっていたため、セグメントの粒度が変わらなければ、会員数が 10 倍、100 倍となっても同様の解き方で計算をすることができます。

　2 つめの異なる点は、**決定変数のタイプ**です。モデリング 1 では決定変数が {0,1} を範囲にとる離散変数であったのに対して、モデリング 2 では決定変数が [0,1] を範囲にとる連続変数でした。一般的に、決定変数が離散変数の問題と連続変数の問題では連続変数の問題のほうが解きやすいため、連続変数と離散変数のどちらの問題としてもモデリングできる場合には、連続変数として扱うほうがよい場合が多く見られます。

　この 2 つの観点から、今回のケーススタディでは、モデリング 2 がモデリ

ング 1 よりもよいモデリングであると言えるでしょう。実際にモデリング 1
とモデリング 2 の計算時間を今回のケースで比較すると、筆者の環境（1.4
GHz 4-core Intel Core i5）では、モデリング 2 がモデリング 1 に比べて 100 倍
以上高速に解を得ることができています。実務で数理モデリングを行う際に
も、今回のように問題を異なる観点から捉え直すことで、解けなかった問題が
簡単に解けるようになることもあります。

## 4.5　結果の評価

　本節では、4.4 節で得た最適化問題の結果をより詳細に評価していきましょ
う。また、4.4 節までの課題に加えて、マーケティング施策の計画においてよ
く表れる、公平性や投資対効果の観点を考慮する方法を紹介します。

### ❶ 会員に対する施策の公平性の評価

　各セグメントへのそれぞれの種類のダイレクトメール送付率を見ると、クー
ポンの大部分は昨年度来店しなかった会員へ送付され、昨年度 1 回以上来店
した会員には最低限の 10% しか送付されていません。この結果は、昨年度来
店回数が 0 回の会員へのクーポン付与の投資対効果がよい、ということを示
唆しています。これまでのモデリングでは、来店の「増加数」を目的関数とし
て最大化していました。そのため、クーポンを付与しなくても来店してくれる
会員に対する費用は効果がなく無駄ある、とみなされているのです。キャン
ペーンの効果として短期的な来店増加数だけでなく、顧客生涯価値のような長
期的な指標も考慮すると、あるセグメントに多く投資して他のセグメントには
ほとんど投資しない、というのはリスクがあるかもしれません。このようなセ
グメント間での送付率の偏りも考慮して公平にクーポンを配布するにはどうす
ればよいでしょうか。
　その方法の 1 つとして、各セグメントへの送付率の下限値をできるだけ大
きくすることが考えられます。この公平性を考慮した問題は、前節までの問題
を修正して次のように整理できます。

・数理モデルによる決定事項

　要件（1）各セグメントへのダイレクトメールの送付率の下限値と

　　　　　各会員に対してどのダイレクトメールを送付するかを決定

・送付するダイレクトメールの数

　要件（2）各会員に対して送付するダイレクトメールはいずれか

　　　　　1パターン

・公平性を考慮したキャンペーンでの目的

　要件（3）各セグメントへのそれぞれのパターンのダイレクトメールの

　　　　　送付率の下限値を最大化

・キャンペーン予算

　要件（4）会員の予算消費期待値の合計は100万円以下

・次回以降のクーポンキャンペーンで利用する来店率の収集

　要件（5）各パターンのダイレクトメールを設定した送付率の下限値

　　　　　以上送付

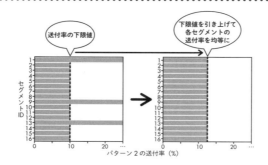

　それでは、公平性を考慮した場合の各セグメントへのそれぞれのパターンの
ダイレクトメールの送付率について、数理モデルを実装し確認してみましょ
う。ここからは、前節のモデリング2をベースにモデルを修正していきます。

### ❷ モデリング3：送付率下限値最大化モデル

　まずは、3つめのモデリングで定義する数理モデルを、インスタンスとして
用意します。

```
# 数理モデルのインスタンス作成
problem = pulp.LpProblem(name='DiscountCouponProblem3'  ⏎
, sense=pulp.LpMaximize)
```

### 要件(1) 各セグメントへのダイレクトメールの送付率の下限値と各会員に
### 　　　　対してどのダイレクトメールを送付するかを決定

　要件(1)について考えましょう。今回のモデリングでは、さきほどまでの各
会員にどのパターンのダイレクトメールを送付するかに加えて、ダイレクト
メールの送付率の下限値も決定変数となります。

> ・**決定変数**：セグメント $s(\in S)$ に対するダイレクトメールのパターン
> 　　　　　　$m(\in M)$ の送付率
> 　$x_{sm} \in [0, 1]$ 　$(s \in S, m \in M)$
>
> ・**決定変数**：各セグメントへのそれぞれパターンのダイレクトメールの
> 　　　　　　送付率の下限値
> 　$y \in [0, 1]$

　決定変数 $x_{sm}$ はそのまま利用し、決定変数 $y$ を新たに定義します。

```
# (1) 各セグメントへのそれぞれパターンのダイレクトメールの送付率の  ⏎
下限値と各会員に対してどのダイレクトメールを送付するかを決定

# 会員に対してどのダイレクトメールを送付するか
xsm = {}
# [0,1] の変数を宣言
for s in S:
    for m in M:
        xsm[s,m] = pulp.LpVariable(name=f'xsm({s},{m})',  ⏎
lowBound=0, upBound=1, cat='Continuous')

# 各セグメントへのそれぞれパターンのダイレクトメールの送付率の下限値
y = pulp.LpVariable(name='y', lowBound=0, upBound=1,  ⏎
cat='Continuous')
```

　要件(2)は前節までと同様なので、あとで実装することにします。先に要件
(3)に進みます。

**要件（3）各セグメントへのそれぞれのパターンのダイレクトメールの送付率の下限値を最大化**

---

・要件（3）各セグメントへのそれぞれのパターンのダイレクトメールの
　　　　送付率の下限値を最大化

$y$

---

前節までと比べて、シンプルな目的関数です。実装は次のようになります。

```
# （3）各セグメントへのそれぞれパターンのダイレクトメールの送付率の  ↩
下限値を最大化
problem += y
```

要件(4)も前節までと同様なのであとで実装することとし、要件(5)に進みます。

**要件（5）各パターンのダイレクトメールを設定した送付率の下限値以上送付**

---

・要件（5）各パターンのダイレクトメールを設定した送付率の下限値
　　　　以上送付

$x_{sm} \geq y \quad (s \in S, m \in M)$

---

これまで 10% と定数として設定していた部分が、決定変数 $y$ となります。
実装は次のようになります。

```
# （5）各パターンのダイレクトメールを設定した送付率の下限値以上送付
for s in S:
    for m in M:
        problem += xsm[s,m] >= y
```

最後に、要件(2)と要件(4)は前節までと同様のため説明は省略し、実装のみ行います。

```
# （2）各会員に対して送付するダイレクトメールはいずれか 1 パターン
for s in S:
    problem += pulp.lpSum(xsm[s,m] for m in M) == 1

# （4）会員の予算消費期待値の合計は 100 万円以下
problem += pulp.lpSum(Cm[m] * Ns[s] * Psm[s,m] * xsm[s,m] ⮌
for s in S for m in [2,3]) <= 1000000
```

公平性を考慮した場合の数理モデルをまとめます。

・**リスト**

$M$：ダイレクトメールパターンのリスト

$S$：年齢区分、昨年度来店回数区分によるセグメントのリスト

・**決定変数**

$x_{sm} \in [0, 1]$　$(s \in S, m \in M)$

$y \in [0, 1]$

・**定数**

$P_{sm}$：セグメント $s(\in S)$ の会員に対してダイレクトメールパターン $m(\in M)$ で送付したときの来店率

$N_s$：セグメント $s(\in S)$ に属する会員数

$C_m$：ダイレクトメールのパターン $m(\in M)$ に付与するクーポンの金額

・**制約条件**

$$\sum_{s \in S} \sum_{m \in M} C_m N_s P_{sm} x_{sm} \leq 1000000$$

$$x_{sm} \geq y \quad (s \in S, m \in M)$$

$$\sum_{m \in M} x_{sm} = 1 \quad (s \in S)$$

・**目的関数（最大化）**

$y$

それでは、solve メソッドで問題を解いてみましょう。

```
status = problem.solve()
max_lowerbound = pulp.value(problem.objective)
print(f'ステータス: {pulp.LpStatus[status]}, 目的関数値: ⮐
{max_lowerbound :.3}')
```

```
ステータス: Optimal, 目的関数値: 0.131
```

目的関数値が 0.131 となり、キャンペーン予算が 100 万円の場合、下限値
は約 13.1% が最大のようです。この場合の各セグメントへの送付率も見てい
きましょう。

```
send_dm_df = pd.DataFrame([[xsm[s,m].value() for m in M] ⮐
for s in S], columns=['send_prob_dm1', 'send_prob_dm2', ⮐
'send_prob_dm3'])
seg_send_df = pd.concat([prob_df[['segment_id', 'age_ ⮐
cat', 'freq_cat']], send_dm_df], axis=1)

ax = {}
fig, (ax[0], ax[1], ax[2]) = plt.subplots(1,3, figsize= ⮐
(20,3))
for i, ptn in enumerate(['send_prob_dm1', 'send_prob_ ⮐
dm2', 'send_prob_dm3']):
    seg_send_pivot_df = pd.pivot_table(data=seg_send_df, ⮐
values=ptn, columns='freq_cat',index='age_cat', agg ⮐
func='mean')
    seg_send_pivot_df = seg_send_pivot_df.reindex(['age~ ⮐
19', 'age20~34', 'age35~49', 'age50~'])
    sns.heatmap(seg_send_pivot_df, annot=True, fmt='. ⮐
1%', cmap='Blues', vmin=0, vmax=1, ax=ax[i])
    ax[i].set_title(f'{ptn}')
plt.show()
```

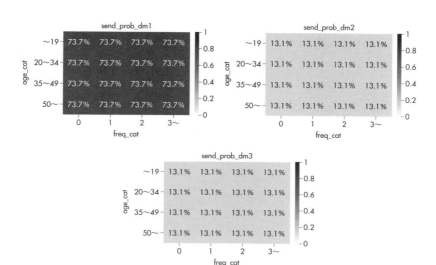

　送付率の分布をみると、クーポンを 1,000 円付与する場合もクーポンを 2,000 円付与する場合も均等に約 13% 送付されており、偏りなくクーポンが付与されていることがわかります。

　この場合のキャンペーンの投資対効果は、下限値が 10% に設定されていた場合と比べてどの程度変化したのでしょうか？　この問題で算出した最大の下限値を要件(5)に設定し、目的関数を 4.4 節までの来客増加数に戻して、再度問題を解いてみましょう。

```python
# 数理モデルのインスタンス作成
problem = pulp.LpProblem(name='DiscountCouponProblem3',
sense=pulp.LpMaximize)


# (1) 各セグメントへのそれぞれパターンのダイレクトメールの送付率の
下限値と各会員に対してどのダイレクトメールを送付するかを決定


# 会員に対してどのダイレクトメールを送付するか
x = {}
# [0,1] の変数を宣言
for s in S:
    for m in M:
        xsm[s,m] = pulp.LpVariable(name=f'xsm({s},{m})',
```

```
lowBound=0, upBound=1, cat='Continuous')

# （2）各会員に対して送付するダイレクトメールはいずれか１パターン
for s in S:
    problem += pulp.lpSum(xsm[s,m] for m in M) == 1

# （3）クーポン付与による来客増加数を最大化
problem += pulp.lpSum(Ns[s] * (Psm[s,m] - Psm[s,1]) * xsm ⏎
[s,m] for s in S for m in [2,3])

# （4）会員の予算消費期待値の合計は 100 万円以下
problem += pulp.lpSum(Cm[m] * Ns[s] * Psm[s,m] * xsm[s,m] ⏎
for s in S for m in [2,3]) <= 1000000

# （5）各パターンのダイレクトメールを設定した送付率の下限値以上送付
for s in S:
    for m in M:
        problem += xsm[s,m] >= max_lowerbound

status = problem.solve()
print(f'ステータス: {pulp.LpStatus[status]}, 目的関数値: ⏎
{pulp.value(problem.objective):.4}')
```

ステータス: Optimal, 目的関数値: 300.6

　送付率の下限値を引き上げ偏りを抑えることで、目的関数である来客増加数は、326.1 から 300.6 と約 25 人来店数が減少することがわかりました。期待来店数増分は、下限値を大きくする（偏りが小さくなり公平性が高まる）ほど減少し、下限値を小さくする（偏りが大きくなる）ほど増加することから、公平性と期待来店数増分の間にはトレードオフの関係があることがわかります。

　送付対象の調整の方法は、このように、すべてのセグメントの送付率の下限値を一括で増加させる方法以外にも考えることができます。たとえば「多く来店してくれている会員は競合店に奪われてしまうと大きな損失が出るので、必ずクーポンを付与したい」という場合には「昨年度来店回数が 3 以上の会員には必ずいずれかのクーポンを送付する」といった要件を追加することで対応できます。このように、要件に対して柔軟に対応することができるのも数理モ

デリングによる最適化のメリットです。

## ❸ 投資対効果の評価

　本章の最後に、割引クーポンキャンペーンの投資対効果の評価をしてみます。4.4 節では各セグメントへのそれぞれのダイレクトメールの送付率の下限を 10% と設定したとき、100 万円のキャンペーン予算で 326.1 人の来店数増加が期待できて、来店数 1 人あたりの獲得費用（CPA）で換算すると約 3,067 円で 1 会員の来店を増やすことができると評価しました。

　この問題において設定可能なパラメータとして、さきほどは送付率の下限値を変化させることで CPA が変化することを確かめました。今度は異なるパラメータとして、キャンペーン予算を変化させた場合の投資対効果がどのように変化するかを評価してみましょう。投資対効果の評価の方法として、前節までで 100 万円と設定していたキャンペーン予算の上限を変化させて問題を複数回解き、キャンペーン予算と CPA の関係を確認します。

　ここでは、送付率の下限は 10% と固定して、キャンペーン費用の最小値から 10 万円刻みで 300 万円まで変化させてみましょう。送付率の下限を 10% とした場合のキャンペーン予算の最小値は、約 761,850 円となります。このキャンペーン予算の最小値は送付率の最大化と似たようなモデリングで求めることができるので確認してみてください。

　それではキャンペーン費用を変化させた割引クーポンキャンペーン問題を実装してみましょう。まず、あとで確認できるように、キャンペーン費用、CPA、来客増加数のリストをそれぞれ cost_list、cpa_list、inc_action_list として準備します。

```
cost_list = []
cpa_list = []
inc_action_list = []
```

　続いて、モデリング 2 の要件(4)「会員の予算消費期待値の合計値を 100 万円以下」における合計値を「変数 cost 円以下」と可変にして、for 文を利用し 761,850 円から 300 万円まで 10 万円刻みで計算をしていきます。

```
print('ステータス，キャンペーン費用，来客増加数，CPA')
for cost in range(761850, 3000000, 100000):
    # 数理モデルのインスタンス作成
    problem = pulp.LpProblem(name='DiscountCouponPro ⮰
blem2', sense=pulp.LpMaximize)

    # (1) 各セグメントへのそれぞれパターンのダイレクトメールの送付 ⮰
率の下限値と各会員に対してどのダイレクトメールを送付するかを決定

    # 会員に対してどのダイレクトメールを送付するか
    xsm = {}
    # [0,1]の変数を宣言
    for s in S:
        for m in M:
            xsm[s,m] = pulp.LpVariable(name=f'xsm({s}, ⮰
{m})', lowBound=0, upBound=1, cat='Continuous')

    # (2) 各会員に対して送付するダイレクトメールはいずれか1パターン
    for s in S:
        problem += pulp.lpSum(xsm[s,m] for m in M) == 1

    # (3) 割引券付与による来客増加数を最大化
    problem += pulp.lpSum(Ns[s] * (Psm[s,m] - Psm[s,1]) * ⮰
xsm[s,m] for s in S for m in [2,3])

    # (4) 会員の予算消費期待値の合計はcost円以下
    problem += pulp.lpSum(Cm[m] * Ns[s] * Psm[s,m] * xsm ⮰
[s,m] for s in S for m in [2,3]) <= cost

    # (5) 各パターンのダイレクトメールを設定した送付率の下限値以上 ⮰
送付
    for s in S:
        for m in M:
            problem += xsm[s,m] >= 0.1

    status = problem.solve()
    cpa = cost/pulp.value(problem.objective)
    inc_action = pulp.value(problem.objective)
```

```
    cost_list.append(cost)
    cpa_list.append(cpa)
    inc_action_list.append(inc_action)
    print(f'{pulp.LpStatus[status]}, {cost}, {inc_ac ⤶
tion:.4}, {cpa:.5}')
```

```
ステータス , キャンペーン費用 , 来客増加数 , CPA
Optimal, 761850, 229.0, 3326.9
Optimal, 861850, 273.1, 3156.3
Optimal, 961850, 311.9, 3084.0
Optimal, 1061850, 349.1, 3042.0
Optimal, 1161850, 385.8, 3011.8
Optimal, 1261850, 422.3, 2988.0
Optimal, 1361850, 458.8, 2968.0
Optimal, 1461850, 495.2, 2951.8
Optimal, 1561850, 530.5, 2944.2
Optimal, 1661850, 565.6, 2938.4
Optimal, 1761850, 600.7, 2933.2
Optimal, 1861850, 634.2, 2935.9
Optimal, 1961850, 667.3, 2940.2
Optimal, 2061850, 700.2, 2944.5
Optimal, 2161850, 732.5, 2951.4
Optimal, 2261850, 764.1, 2960.1
Optimal, 2361850, 795.5, 2969.2
Optimal, 2461850, 826.8, 2977.5
Optimal, 2561850, 858.1, 2985.3
Optimal, 2661850, 889.5, 2992.6
Optimal, 2761850, 920.8, 2999.3
Optimal, 2861850, 951.7, 3007.1
Optimal, 2961850, 981.9, 3016.4
```

　10 万円刻みでキャンペーン費用を変化させたとき CPA が最も安いのは約
176 万円のときで、そのときの CPA は 2,933.2 円、期待来客増加数は約 600
人であることがわかりました。キャンペーン費用と CPA、来客増加数を可視
化してみましょう。

```
import matplotlib.ticker as ticker

fig, ax1 = plt.subplots()
```

```
ax2 = ax1.twinx()
ax1.scatter(cost_list, inc_action_list, marker='x', la ↩
bel='Incremental visitor')
ax2.scatter(cost_list, cpa_list, label='CPA')
ax1.xaxis.set_major_formatter(ticker.FuncFormatter(lamb ↩
da x, pos: f'{x:,.0f}'))
ax1.yaxis.set_major_formatter(ticker.FuncFormatter(lamb ↩
da x, pos: f'{x:,.0f}'))
ax2.yaxis.set_major_formatter(ticker.FuncFormatter(lamb ↩
da x, pos: f'{x:,.0f}'))
ax1.set_xlabel('Cost')
ax1.set_ylabel('Incremental visitor')
ax2.set_ylabel('CPA')
reg1, label1 = ax1.get_legend_handles_labels()
reg2, label2 = ax2.get_legend_handles_labels()
ax2.legend(reg1 + reg2, label1 + label2, loc='upper center')
plt.show()
```

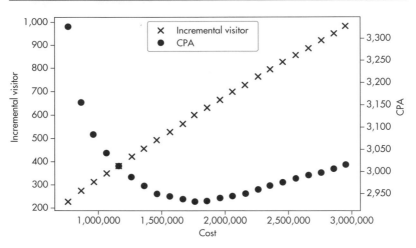

　CPA は 76 万円からキャンペーン費用を増加させることで急速に改善してい
き、176 万円を過ぎたあたりから緩やかに悪化していくことがわかります。こ
の結果をもとに、たとえば利益を確保したい場合には CPA の最も安くなる
キャンペーン予算を採用したり、利益を減らしても来客数を増やしたい場合に
は CPA を確認しつつキャンペーン予算を最適値の場合よりも増加させたり、
といった意思決定ができるでしょう。このように、キャンペーン費用などのパ

ラメータを変化させたときの来客増加数や CPA を最適化問題を解いて算出することで、定量的にキャンペーンの投資対効果を評価できるようになります。

# 4.6　第 4 章のまとめ

　本章では、割引クーポンキャンペーン問題を題材に、公平性と投資対効果について評価するためのモデリングを紹介しました。また、モデリングした最適化問題を PuLP を利用して実装し、得られた結果を matplotlib や seaborn を利用して可視化することで投資対効果や公平性について評価をしました。

　本章での実装を通して、以下のことを学びました。

- ・同じ問題を複数の形でモデリングできること
- ・モデリングの形によって問題の解きやすさが異なること
- ・変数が少なくできる場合には少なくしたほうがよいこと
- ・連続変数と離散変数のどちらも利用できる場合には、連続変数を利用したほうがよい場合が多いこと
- ・費用対効果や公平性の観点で結果を確認しモデルをブラッシュアップすること
- ・施策のパラメータを変化させながら結果を評価すること

　単純に投資対効果を最大化させるだけでなく、施策のパラメータを変化させたときの結果を柔軟に評価することができるのも数理モデリングによる最適化のメリットです。

# コストを最小化する輸送車両の配送計画

## 5.1 　導入

　利益率の高くないビジネスにおいては、売上の最大化だけでなく販管費のようなコストの削減も経営上の重要な課題です。本章では、資材の卸売業を例に、配送費用を最小化する配送計画を立案する手順を考えます。

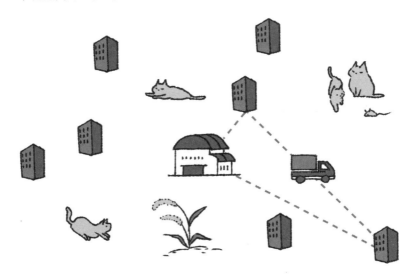

　車両を用いて複数の荷物を配送する際の最適な経路を求める最適化問題は、**配送計画問題**（**VRP** : vehicle routing problem）と呼ばれます。ここまでの章で解説してきた問題と同様に、VRP においても考えるべき内容は「配送計画の目的」「利用できるリソース」「守るべき制約」など多岐にわたり、かつそれぞれに対して多種多様な設定が考えられます。たとえば次に挙げる項目にさまざまな設定が想定され得るでしょう。

- 利用できる車両台数の多寡
- 積載量などの物理的な制約
- 荷物ごとの配送車両の指定
- 受け取り時間の指定
- 混載不可の商品ペア
- 運転手の連続運転時間などの労働・交通関係の法規制

　現実の VRP のほとんどは、**NP 困難**な問題です。NP 困難とは、大規模問題に対して厳密解の算出がきわめて難しいこと、と思ってもらって問題ありません[†1]。たとえば VRP の簡単な特殊ケースである単一拠点・単一車両で移動時間を最小化する問題ですら、巡回セールスマン問題という NP 困難の問題です。したがって大規模な VRP を高精度に解く必要がある際には、問題設定に応じた効率的な**ヒューリスティック解法**[†2]の検討も必要となることが一般的です。

　本章では、ヒューリスティック解法の作成には踏み込まず、簡単かつ小規模な問題設定のもと、**混合整数計画問題**（後述）によるモデリングを用いて配送計画を最適化する手頃な手法を与えます。技術的には、とくに以下の点について解説します。

- 素朴なモデリングでは最適化が難しい場合でも、モデリングの工夫によって現実的な時間での最適化が可能になる場合があること
- 補助変数の用い方
- 巡回セールスマン問題の MTZ 定式化の技法

　上の箇条書きに書いてある用語は、本文中で説明していくのでまだわからなくても問題ありません。本章では、あなたは卸売業の経営者です。配送費用の最小化を目指して、課題を解いていきましょう。

---

[†1]　少し細かく述べると、NP 困難とは現在まで大規模問題にも対応できる効率的な（より正確には多項式時間の）厳密解法が見つかっていない問題のうち、一定の性質を満たすものを意味します。したがって、問題規模が大きい NP 困難な問題については、効率的な厳密解法を諦めることが実務上よくあります。

[†2]　ヒューリスティック解法とは、現実的な時間で実用的な実行可能解を算出することを目的とする計算手法のうち、最適性や近似性能の理論保証のないものを指します。現実的な計算時間で厳密解の算出が難しい場合によく用いられます。

## 5.2　課題整理

　この節では、配送計画問題に落とし込むべき課題を整理していきましょう。

　あなたは資材の卸売業の経営者で、配送費用を最小化したいと考えています。顧客は自社倉庫から車で2〜3時間圏内に点在する工場で、おもに自社のトラック1台を使って顧客に荷物を届けています。この条件で、数理最適化を用いて配送費用を最小化するオペレーションを算出しましょう。

　考慮すべきことは、以下のように大別できます。

・最適化対象期間
・注文関連の要件
・配送関連の要件
・最小化指標

　それでは、順番に整理していきましょう。

### ・最適化対象期間

　まず、計算対象となる期間を定めます。顧客の荷物の受け取り希望日は、特定の1日を指定しているものだけでなく、複数日からなる期間で指定される場合もあります。このような荷物に関してはどの配送をどの日に行うかも決定したいので、今回は1ヶ月の日ごとの計画を立案します。

### ・注文関連の要件

　資材の注文は異なる地点にいる顧客からなされます。それぞれの顧客は、最適化期間内に複数の注文をすることが一般的です。顧客からの注文は、指定された期間内に配達しなければなりません。「指定された期間」とは、特定の1日である場合も、この日からこの日までと一定の幅のある期間である場合もあります。また、注文ごとに荷物の重さは異なります。

・**配送関連の要件**

配送に用いる自社トラックの運用について考えましょう。

利用できる自社トラックは、最大積載量 4 トンのトラック 1 台です。毎日トラックは自社拠点から出発し、当日の配送先を回ってから拠点に戻ってきます。1 日 8 時間までは残業代なしで配送に利用できますが、稼働時間が 8 時間を超えると残業代が発生します。残業による費用は、1 時間あたり 3,000 円 [†3] 発生するものとします。さらに、残業時間は 1 日 3 時間を超えてはいけません。

配送を自社トラックで行わず外部の業者に委託する際は、注文ごとに荷物の重さに応じた費用がかかるものとします。

・**最小化指標**

前述の各種制約を守ったうえで配送コストの変動部分、つまり「配送の外注費」と「残業による費用」の和を最小化することを目標とします。

# 5.3　数理モデリング

ここからは、前述の課題を数理最適化問題としてモデリングしていきましょう。第 3 章と第 4 章でイメージが掴めてきたかと思いますが、数理最適化問題によるモデリングとは、課題を決定変数、制約、目的関数に分けて表現することです。

決定変数の数や制約や目的関数の具体的な係数は問題例ごとに決まるパラメータに依存します。本節では、見通しをよくするために、最初に本課題に登場するパラメータを整理します。次にソルバーが利用しやすい混合整数計画問題として課題をモデリングします。

--------

[†3]　最適化したいのは会社にとってのコストなので、1 時間あたりの費用は、従業員の時給ではなく直接・間接の労務費をすべて含んで計算します。

## ❶ パラメータの整理

### (1) 最適化対象期間

最適化対象期間の設定には日数があれば十分です。たとえば1ヶ月の計画を立てる場合、土日やドライバーの休暇を除いて $D=20$ 程度になるでしょう。

> ・計画立案期間の日数：$D$ （$\in \mathbb{N}$）[†4]

### (2) 地理

続けて、地理に関する情報を整理します。自社および配送先工場の場所の一覧と、その移動時間がわかっている必要があります。

> ・地点の集合：$K$
> ・自社拠点を表す地点：$o$ （$\in K$）
> ・移動時間：$t_{kl} \geq 0$ 　（$k, l \in K$）

地点の集合 $K$ は自社拠点および配送先工場全体の集合です。移動時間 $t_{kl}$ は、地点 $k$ から地点 $l$ への移動に要する時間です。一方通行の道などもあるので、これは対称（常に $t_{kl}=t_{lk}$）であるとはかぎりません。同一地点間の移動時間 $t_{kk}$ は0とします。

### (3) 注文

顧客からの注文に関するパラメータは次のとおりです。

> ・注文集合：$R$
> ・注文 $r \in R$ について
> 　　・届け先地点：$k_r$ （$\in K$）
> 　　・配送指定期間：$d_r^0, d_r^1$ （$\in [D]$）[†5]
> 　　・重量：$w_r$
> 　　・配送を外部に依頼した場合の費用：$f_r$

[†4] ここで $\mathbb{N}$ は、非負整数全体の集合を意味します。
[†5] ここで $[n]$ は、整数の集合 $\{0, 1, \cdots, n\}$ を意味します。

## （4）トラックの運用

トラックの運用に関するパラメータは次のとおりです。

- ・所定労働時間：$H^0$
- ・トラックの最大積載重量：$W$
- ・1 時間あたりの残業代：$c$
- ・最大残業時間：$H^1$

## ❷ 混合整数計画問題による素朴なモデリング

パラメータの整理ができたので、実際にモデリングしてみましょう。このような最適化問題に対するモデリング手法として、混合整数計画問題が考えられます。**混合整数計画（MIP**：Mixed Integer Programming）**問題**とは、線形計画問題の一部の変数が整数値をとるように制限されている問題です。

ここでは次の変数を用いてモデリングを行います。

- ・**決定変数**：トラックの移動を表現する変数
  $x_{dkl} \in \{0, 1\} \quad (d \in [D], k, l \in K)$
- ・**補助変数**：移動の順序を表現する変数
  $u_{dk} \in [0, |K| - 1] \quad (d \in [D], k \in K)$ [†6]
- ・**決定変数**：自社トラックによる配送の有無を表現する変数
  $y_{dr} \in \{0, 1\} \quad (d \in [D], r \in R)$
- ・**補助変数**：日別の残業時間を表現する変数
  $h_d \in \mathbb{R}_+ \quad (d \in [D])$ [†7]

ここでは変数を**決定変数**と**補助変数**に区別しています。最適化問題に登場する変数のうち、独立した変数として定義する必要があるものを決定変数と呼び、決定変数から適当な計算で算出可能である変数を補助変数と呼んで区別する場合があります（補助変数をとくに区別しない場合は、決定変数という言葉で補助変数を含む変数全体を意味します）。

---

[†6]　ここで $[x, y]$ は、$x$ 以上 $y$ 以下の実数全体の集合を意味します。
[†7]　ここで $\mathbb{R}_+$ は、非負の実数全体の集合を意味します。

まずは決定変数の意味づけを確認しましょう。決定変数 $x_{dkl} \in \{0, 1\}$ は、$d\,(\in [D])$ 日に地点 $k\,(\in K)$ から $l\,(\in K)$ への移動があれば 1、そうでなければ 0 をとります。また、決定変数 $y_{dr} \in \{0, 1\}$ は、$d \in [D]$ 日に注文 $r$ を配送するならば 1、そうでなければ 0 をとります。

次に補助変数の意味づけを確認しましょう。上記の決定変数 $x_{dkl}, y_{dr}$ だけで配送計画は表現できていますが、変数をこれらだけに絞ってしまうと、目的関数中の残業代が $x_{dkl}$ の非線形関数となってしまい、本課題は混合整数計画問題としては表現できません。補助変数 $u_{dk}$ と $h_d$ を導入することによって、本課題は取り扱いが簡単な小規模な混合整数計画問題としてのモデリングが可能となるのです。これらの補助変数は、この時点では移動の順序や残業時間といった意味をもっていません。制約・目的関数を適切に設定することで、最適化問題の最適解において補助変数は上記の意味をもつことになります。これらの補助変数の意味づけについては、本節の❸で詳述します。

続けて、制約条件と目的関数の要件を考えていきます。

**要件(1) 1 日の移動経路の整合性**

まずは、1 日の移動経路の整合性についてまとめましょう。$x$ から定まる移動経路が「配送拠点 $o$ から出発して配送拠点 $o$ に戻ってくる」ものとなるためには、以下の制約が必要です。

> ・**移動経路は 0 個以上のサイクルからなる**
>
> ・地点 $l$ に向かう移動は、高々 1 つしか許されない
> $$\sum_{k \in K} x_{dkl} \leq 1 \quad (d \in [D], l \in K)$$
>
> ・地点 $l$ に向かう移動の有無は地点 $l$ を出る移動の有無と一致する
> $$\sum_{k \in K} x_{dkl} = \sum_{k \in K} x_{dlk} \quad (d \in [D], l \in K)$$

上記 2 つの制約だけで移動経路が「0 個以上のサイクルからなる」ことが要請できていますが、配送拠点 $o$ を通らないようなサイクルの存在も許されてしまいます。これを防ぐために、補助変数 $u_{dk}$ を利用して、配送拠点 $o$ を通らないサイクルの発生を禁止します。このテクニックは、巡回セールスマン問題の**MTZ 定式化**（Miller-Tucker-Zemlin）で用いられるものです。

> ・配送拠点 o を通らないサイクルの除去
> $$u_{do} = 0$$
> $$u_{dk} \geq 1 \quad (k \in K \backslash \{o\})$$
> $$u_{dk} + 1 \leq u_{dl} + (|K| - 1)(1 - x_{dkl}) \quad (k, l \in K \backslash \{o\}^{[8]}$$

　この補助変数に関する制約によって配送拠点 o を通らないサイクルの発生が禁止できることは、モデリングのまとめのあとに解説します。

**要件（2）同一注文の複数回配送の禁止**

　続けて、同じ荷物は 1 回までしか配送できないという要件を設定します。

> ・要件（2）同一注文の複数回配送の禁止
> $$\sum_{d \in [D]} y_{dr} \leq 1 \quad (r \in R)$$

**要件（3）移動経路上以外での配送の禁止**

　移動先以外での配送の禁止は、次のように記述できます。右辺は注文 r の届け先が移動経路に含まれているときに 1、そうでなければ 0 をとる値です。

> ・要件（3）移動経路上以外での配送の禁止
> $$y_{dr} \leq \sum_{k \in K} x_{dkk_r} \quad (d \in [D], r \in R)$$

**要件（4）荷物の量はトラックの積載上限を超えない**

　トラックの最大積載量に関する要件は、次のように表現できます。

> ・要件（4）荷物の量はトラックの積載上限を超えない
> $$\sum_{r \in R} w_r y_{dr} \leq W \quad (d \in [D])$$

**要件（5）稼働時間は最大残業時間を超えない**

　補助変数 $h_d$ が残業時間を意味するように次の制約を導入します。

---

[8]　集合 $X, Y$ に対して**差集合** $X \backslash Y$ とは、$X$ から $Y$ に含まれる要素をすべて除いたものです。とくに、$K \backslash \{o\}$ は $K$ から要素 $o$ だけを除いた集合です。

・補助変数 $h_d$ は実際の残業時間と一致する

$$\sum_{k,l \in K} t_{kl} x_{dkl} - H^0 \leq h_d \quad (d \in [D])$$

　1日の総労働時間から所定労働時間 $H^0$ を引いたものが残業時間なので、上記の制約は $h_d$ は実際の残業時間以上の値をとるという意味になります。のちほど定義する目的関数は $h_d$ が小さいほど改善されるため、$h_d$ は下限である左辺の値にへばりついて実際の残業時間と一致することが期待できるのです。

　最大残業時間に関しては、次のように表現できます。

・要件（5）稼働時間は最大残業時間を超えない

$$h_d \leq H^1 \quad (d \in [D])$$

## 要件（6）注文は配送指定期間内に届ける

　配送を自社トラックで行う場合は配送期間 $d_r^0$ 日目から $d_r^1$ 日目までに届ける必要があるという要件は、$d_r^0$ 日目から $d_r^1$ 日目までの範囲以外での配送を禁止するという方針で、次のように表現できます。

・要件（6）注文は配送指定期間内に届ける

$$\sum_{d \in [D] \setminus [d_r^0, d_r^1]} y_{dr} = 0 \quad (r \in R)$$

　この要件はこの表現以外にも、要素ごとに

$$y_{dr} = 0 \quad (d \in [D] \setminus [d_r^0, d_r^1], r \in R)$$

という制約を課すことでも実現できます。ここでは注文単位での制約としたほうがまとまりがよいと考えて、上記の制約式にしています。

---

[†9] 一般に、関数 $f(x)$ を最小化する $x^*$ は、もとの関数に定数 $c$ を足した $f(x) + c$ も最小化します。したがって、変数に依存しない部分 $c$ は目的関数のモデリングにおいては無視してかまいません。

**要件 (7)　配送費用の最小化**

　最後に目的関数を設定しましょう。今回の目的は配送費用を最小化すること
です。配送費用は、固定費を除けば[†9]「残業による費用」「配送の外部委託費
用」の合計です。残業による費用は、残業総時間を $\sum_{d \in [D]} h_d$ と表現できるの
で、$c\sum_{d \in [D]} h_d$ と表現できます。外部委託費用は、注文 $r$ の配送を他社に委託
するかどうかが $1 - \sum_{d \in [D]} y_{dr}$ で表現できることを利用して
$\sum_{r \in R} f_r(1 - \sum_{d \in [D]} y_{dr})$ と表現できます。

　したがって、目的関数は上記の合算として次のように表現されます。

---

・残業による費用：$c \sum_{d \in [D]} h_d$

・配送の外部委託費用：$\sum_{r \in R} f_r(1 - \sum_{d \in [D]} y_{dr})$

・要件 (7) 配送費用を最小化する

　最小化：$c \sum_{d \in [D]} h_d + \sum_{r \in R} f_r(1 - \sum_{d \in [D]} y_{dr})$

---

　ここまで整理した要件をまとめると、次のようなモデルになります。

---

・**パラメータ**

　$D \in \mathbb{N}$：計画立案の対象日数。$D \geq 1$

　$K$：地点の集合

　$t_{kl}(k, l \in K)$：移動時間。ただし $t_{kl} \geq 0, t_{kk} = 0$

　$o \in K$：自社拠点を表す地点

　$R$：注文の集合

　**注文 $r \in R$ について**

　　　$k_r (\in K)$：注文 $r$ の届け先地点

　　　$d_r^0, d_r^1 \in [D]$：配送指定期間。$d_r^0 \leq d_r^1$

　　　$w_r$：重量。$w_r \geq 0$

　　　$f_r$：配送の外部委託費用。$f_r > 0$

　$H^0$：所定労働時間。$H^0 > 0$

　$W$：トラックの最大積載重量。$W > 0$

　$c$：1 時間あたりの残業代。$c > 0$

　$H^1$：最大残業時間。$H^1 \geq 0$

---

・**決定変数**

$x_{dkl} \in \{0, 1\}$ $(d \in [D], k, l \in K)$：自社トラックの移動

$y_{dr} \in \{0, 1\}$ $(d \in [D], r \in R)$：自社トラックによる配送

$u_{dk} \in [0, |K|-1]$ $(\subseteq \mathbb{R})$：移動の順序を表す補助変数

$h_d \in \mathbb{R}_+$ $(d \in [D])$：残業時間を表す補助変数

・**制約条件**

$$\sum_{k \in K} x_{dkl} \leq 1 \quad (d \in [D], l \in K)$$

$$\sum_{k \in K} x_{dkl} = \sum_{k \in K} x_{dlk} \quad (d \in [D], l \in K)$$

$$u_{do} = 0 \quad (d \in [D])$$

$$u_{dk} \geq 1 \quad (d \in [D], k \in K \backslash \{o\})$$

$$u_{dk} + 1 \leq u_{dl} + (|K|-1)(1 - x_{dkl}) \quad (k, l \in K \backslash \{o\})$$

$$\sum_{d} y_{dr} \leq 1 \quad (r \in R)$$

$$y_{dr} \leq \sum_{k} x_{dkk_r} \quad (d \in [D], r \in R)$$

$$\sum_{r} w_r y_{dr} \leq W \quad (d \in [D])$$

$$\sum_{k, l \in K} t_{kl} x_{dkl} - H^0 \leq h_d \quad (d \in [D])$$

$$h_d \leq H^1 \quad (d \in [D])$$

$$\sum_{d \in [D] \backslash \{d', d\}} y_{dr} = 0 \quad (r \in R)$$

・**目的関数（最小化）**

$$c \sum_{d \in [D]} h_d + \sum_{r \in R} f_r (1 - \sum_{d \in [D]} y_{dr})$$

## ❸ 補助変数の役割

ここで、前項のモデリングで現れた補助変数の役割について説明します。

### （1）補助変数 $u_{dk}$

補助変数 $u_{dk}$ は、$x_{dkl}$ で表現される移動経路が $o$ を出発して $o$ に戻るものにかぎられるために導入しました。$u_{dk}$ と「$o$ を含まないサイクルの除去」の要件が意図した機能を果たしていることを確認するために、「移動経路は 0 個以上のサイクルからなる」という要件を満たす移動経路について次の 2 点を確認しましょう。

1. $o$ を含まないサイクルがある場合、「配送拠点 $o$ を通らないサイクルの除去」の制約を満たす $u_{dk}$ の値のとり方は存在しない。したがって、$o$ を含まないサイクルを含む移動経路に対応する $x_{dkl}$ は制約に違反する。

2. $o$ を含まないサイクルがない場合、「配送拠点 $o$ を通らないサイクルの除去」の制約を満たす $u_{dk}$ の値のとり方が存在する。したがって、$o$ を含まないサイクルを含む移動経路に対応する $x_{dkl}$ は実行可能となる（$x_{dkl}$ と矛盾しない $u_{dk}$ を選べるので、MIP ソルバーがそのような $u_{dk}$ の値を見つけられると期待できる）。

　まず 1. を背理法を使って確認します。$d$ 日の移動経路において $k_1, k_2, k_3 \in K \backslash \{o\}$ がサイクルを成していると仮定します。このとき $x_{dk_1 k_2} = x_{dk_2 k_3} = x_{dk_3 k_1} = 1$ なので、「配送拠点 $o$ を通らないサイクルの除去」の 3 番目の制約から次の不等式が得られます。

・$u_{dk_1} + 1 \leq u_{dk_2}$

・$u_{dk_2} + 1 \leq u_{dk_3}$

・$u_{dk_3} + 1 \leq u_{dk_1}$

　これらを足し上げると

$$\sum_{i=1,2,3} u_{dk_i} + 3 \leq \sum_{i=1,2,3} u_{dk_i}$$

となり、これは $u$ をどのようにとっても満たすことができません。したがって、$k_1, k_2, k_3 \in K \backslash \{o\}$ がサイクルを成すことが禁止されていることがわかります。任意の長さの $o$ を通らないサイクルが禁止されることも、同様の議論でわかります。

　次に 2. について確認します。たとえば $K = \{o, k_1, k_2, k_3, k_4, k_5, k_6\}$ で $o$、$k_1$、$k_2$、$k_3$ だけがサイクルを成す場合に、実際に制約違反とならない $u_{dk}$ の値のとり方があることを確認しましょう。$o$、$k_1$、$k_2$、$k_3$ がサイクルを成すとき、「配送拠点 $o$ を通らないサイクルの除去」の 3 番目の制約のうち有効なものは次の 2 式になります。

・$u_{dk_1} + 1 \leq u_{dk_2}$

・$u_{dk_2} + 1 \leq u_{dk_3}$

ここで、上記の2本の制約のみが有効になる理由は次の2つです。まず、$x_{dkl}=0$ のときは $u_{dk}+1 \leq u_{dl}+|K|-1$ となりますが、$u_{dk}(k \neq o)$ は1以上 $|K|-1$ 以下の値をとるという条件からこれは常に成り立ち、制約として有効になりません。さらに、$k=o$ か $l=o$ について、そもそも「配送拠点 $o$ を通らないサイクルの除去」の3番目の制約の対象外のため、$u_{do}+1 \leq u_{dk_1}$ のような制約は現れません。

　さて、ここで次のように $u$ に値を割り振ると、制約違反とならない $u_{dk}$ の値の振り方となり、$x_{dkl}$ が実行可能であることがわかり、2. が確認できました。

・ $u_{do}=0$
・ $u_{dk_i}=i$ 　　$(i=1,2,3,4,5,6)$

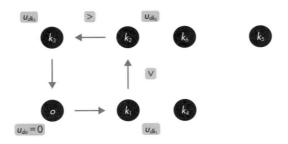

　最後に、実行可能解では $u_{dk}$ の値は各地点に訪問する順序を表していることを確認しましょう。「配送拠点 $o$ を通らないサイクルの除去」の3番目の制約は、$x_{dkl}=1$ のときに $u_{dk}+1 \leq u_{dl}$ を意味しており、したがって $d$ を固定したとき以下の2つの大小関係が一致することとなります。

1. 移動経路に含まれる地点 $k$ について、$u_{dk}$ の大小関係
2. 自社拠点 $o$ を0番目としたときに地点 $k$ が何件目の訪問となるかの大小関係

### (2) 補助変数 $h_d$

　補助変数 $h_d \geq 0$ は、残業時間を表現するため導入しました。$h_d$ は、次の式で値が制限されています。

$$\sum_{k,l \in K} t_{kl}\, x_{dkl} - H^0 \le h_d \qquad (d \in [D])$$

$\sum_{k,l \in K} t_{kl}\, x_{dkl}$ は実際の移動時間（稼働時間）の総和を表しており、$H^0$ は所定の稼働時間なので、$h_d$ は少なくとも現実に発生する残業時間以上の値となることがわかります。最小化すべき目的関数 $c\sum_{d \in [D]} h_d + \sum_{r \in R} f_r(1 - \sum_{d \in [D]} y_{dr})$ において、$h_d$ は正の係数で登場しています。したがって、最適解では $h_d$ は残業時間以上の範囲で最小化され、結果的に残業時間と一致することになります。

さらに、計算時間の都合などで最適性の保証つきの最適解が得られていない場合でも、一般的な MIP ソルバーを用いて得られた実行可能解では、$h_d$ は残業時間と一致します。これは通常の MIP ソルバー（たとえば分枝限定法を実装したソルバー）が出力する実行可能解に「整数変数の値を固定した下では、連続変数が厳密に最適な値になっている」という性質があるからです。

### ❹ 数理モデルの検証と改善

さて、このようなモデリングで適当にパラメータを与えて PuLP のデフォルトソルバーの CBC を利用して実験したところ、現実的な時間で最適解を得ることはできませんでした。実用上は厳密な最適解でなくともよい実行可能解が求まっていれば十分ですが、出力された実行可能解を確認すると下図のように明らかに無駄のある経路が交差するルートが出力されていて、よい実行結果が求まっているとは期待できません。

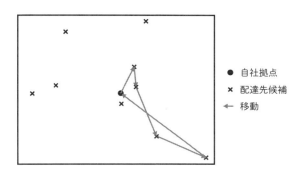

このモデリングでの最適化が難しい理由として、相互に影響する複数の巡回セールスマン問題（を含む複雑な問題）を $D$ 日分同時に解く必要がある点が考えられます。移動の変数 $x_{dkl} \in \{0, 1\}$ $(d \in [D], k, l \in K)$ の取りうる組み合わせは、$d$ を固定しても $(|K|-1)!$ 通り以上存在します。実行可能解が多数存在するというだけで必ずしも求解の時間が非現実的に大きくなってしまうわけではないですが、本来であれば各日で共通である効率的な経路の計算をすべての日について解き直すということがソルバー内で行われているとすれば、計算時間が大きくなってしまうことも納得できます[†10]。

手持ちのソルバーや計算環境で実用上問題のない実行可能解が得られない場合には、次のような対応が考えられます。

1. ビジネス課題レベルでのモデリングを見直す
2. 数理最適化問題としてのモデリング（数式の書き方）を見直す
3. より高性能なソルバー（たとえば MIP の場合 gurobi など）を導入する
4. CPU などハードウェアを増強する
5. 実行時間を長くする

今回は、**2.** の方法での解決を試みましょう。ここでは複数日で相互に関連する難しい問題となっていたのが計算時間の増大の一因と想定されるので、日ごとにスケジュール（どのような移動経路を通り、どの荷物を配送するか）を事前に列挙しておくという方法を考えます。日ごとのスケジュールの列挙の方法は実装の段階で与えるとして、これが可能であれば次のようにモデリングすることができます。

---

[†10] 実際にはどのような理由で計算が遅くなってしまっているかをソルバー内部の挙動を確認するのが理想的ですが、たとえばこのような想像ができます。

**・パラメータ**

$D \in \mathbb{N}$：計画立案の対象日数。$D \geq 1$

$R$：注文の集合

$f_r > 0$ （$r \in R$）：配送の外部委託費用

$Q_d$ （$d \in [D]$）：$d$ 日のスケジュールの集合

$a_{qr} \in \{0, 1\}$ （$q \in Q_d, r \in R$）：$d$ 日のスケジュール $q$ で注文 $r$ が配送され
るかどうか（1：配送あり、0：配送なし）
を表す

$h_q \geq 0$ （$q \in Q_d$）：スケジュール $q$ の残業時間

$c > 0$：1時間当たりの残業代

**・決定変数**

$z_{dq} \in \{0, 1\}$ （$d \in [D], q \in Q$）：$d$ 日に採用するスケジュール

$y_r \in [0, 1]$ （$r \in R$）：荷物 $r$ の外部委託による配送を表す補助変数[†11]

**・制約条件**

1日1つのスケジュールを選択する

$\sum_{q \in Q_d} z_{dq} = 1$ （$d \in [D]$）

**・補助変数に関する制約条件**

$y_r + \sum_{d \in [D]} \sum_{q \in Q_d} z_{dq} a_{qr} \geq 1$ （$r \in R$）

**・目的関数（最小化）**

$c \sum_{d \in [D]} \sum_{q \in Q_d} z_{dq} h_q + \sum_{r \in R} f_r y_r$

補助変数に関する制約条件 $y_r + \sum_{d \in [D]} \sum_{q \in Q_d} z_{dq} a_{qr} \geq 1$ は、$r$ が配送可能であるスケジュールが1日以上採用された場合（$\sum_{d \in [D]} \sum_{q \in Q_d} z_{dq} a_{qr} \geq 1$）には $y_r + (1\text{以上となる値}) \geq 1$ という $y_r$ の値に依らず成り立つ式となります。この場合目的関数の最小化のため最適解では $y_r$ は下限値の0の値をとります。

---

[†11] $y_r$ は連続変数ですが、最適解では必ず0か1の値をとります。$z_{dq}$ の一部を固定した場合の最適解（MIP ソルバーで求解を途中打ち切りした場合に得られる解など）でも同様に、0または1の値をとります。

$r$ が配送可能であるスケジュールが 1 日も採用されない場合（$\sum_{d \in [D]} \sum_{q \in Q_d} z_{dq} \, a_{qr} = 0$）には、この制約は $y_r \geq 1$ となり、$0 \leq y_r \leq 1$ と合わせて $y_r = 1$ となります。目的関数は、残業代＋外部委託費用（配送に必要な費用の総額）で表現されています。

このようにモデリングすると最適化の実行中に経路の情報を含んだ複雑な最適化問題を繰り返し解く必要がなくなります。日ごとのスケジュールの数 $|Q_d|$ を小さく保てるのであれば MIP ソルバーで実用に耐える実行可能解、あわよくば厳密解を得られることが期待できます。

## 5.4　実装と数値実験

本節では、前説の最後に登場した日ごとにスケジュールを列挙しておく方法で、最適化プログラムを実装します。本節から Python コードを実行していくので、実行環境の説明から始めます。

### ❶ 実行環境
本章のコードを実行するためには、次の Python ライブラリが必要です。

- ・pandas
- ・PuLP
- ・matplotlib
- ・joblib
- ・NumPy

### ❷ 問題設定とデータの確認
まず、必要なライブラリをインポートします。

```
from IPython.core.display import display
import numpy as np
import pandas as pd
import os, sys
import matplotlib.pyplot as plt
import matplotlib as mpl
import pulp
from itertools import product, combinations_with_re ↩
placement
from joblib import Parallel, delayed
```

次に、問題設定に必要な数値群を定義します。一部の値は乱数を使って生成
します。

```
np.random.seed(10)
num_places = 10   # 地点の数
num_days = 30   # 計画の対象日数
num_requests = 120   # 荷物の数


mean_travel_time_to_destinations = 100   # 自社から平均的に ↩
100分程度距離に配達先候補があるとしてデータを作る
H_regular = 8*60   # 8時間が定時労働時間
H_max_overtime = 3*60   # 残業3時間まで
c = 3000//60   # 残業による経費60分3000円
W = 4000   # 4トントラックを利用
delivery_outsourcing_unit_cost = 4600   # 100kgあたり4600 ↩
円の配送費用
delivery_time_window = 3   # 連続する3日が配達可能な候補日となる
avg_weight = 1000   # 荷物の平均的な重さを1000kgとする


K = range(num_places)   # 地点の集合
o = 0   # 自社拠点を表す地点
K_minus_o = K[1:]   # 配達先の集合
_K = np.random.normal(0, mean_travel_time_to_destina ↩
tions, size=(len(K), 2))   # 各地点の座標を設定
_K[o,:] = 0   # 自社拠点は原点とする
t = np.array([[np.floor(np.linalg.norm(_K[k] - _K[l])) ↩
for k in K] for l in K])   # 各地点間の移動時間行列（分）
```

```
D = range(num_days)   # 日付の集合


R = range(num_requests)   # 荷物の集合
# k[r]は荷物rの配送先を表す
k = np.random.choice(K_minus_o, size=len(R))
# d_0[r]は荷物rの配送可能日の初日を表す
d_0 = np.random.choice(D, size=len(R))
# d_1[r]は荷物rの配送可能日の最終日を表す
d_1 = d_0 + delivery_time_window-1
# w[r]は荷物rの重さ(kg)を表す
w = np.floor(np.random.gamma(10, avg_weight/10, size=len ↩
(R)))
# f[r]は荷物rの外部委託時の配送料を表す
f = np.ceil(w/100)*delivery_outsourcing_unit_cost
```

拠点と配送先の関係を可視化してみましょう。

```
a = plt.subplot()
a.scatter(_K[1:,0], _K[1:,1], marker='x')
a.scatter(_K[0,0], _K[0,1], marker='o')
a.set_aspect('equal')
plt.show()
```

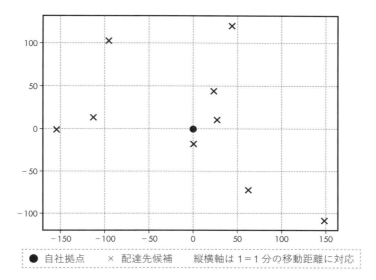

● 自社拠点　　× 配達先候補　　縦横軸は 1 ＝ 1 分の移動距離に対応

荷物の重さの分布は次のようになります。

```
plt.hist(w, bins=20, range=(0,2000))
```

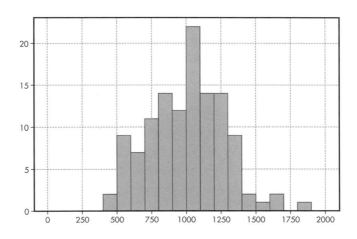

## ❸ 日ごとのスケジュールの列挙

必要なパラメータが定義できたので、次は日ごとのスケジュール（どのような移動経路を通り、どの荷物を配送するか）を列挙しましょう。ここでは日付を問わず共通となる移動経路を列挙し、これらの移動経路上で注文の配送を行うスケジュールを列挙するという方針で実装します。

まず、日付を問わず共通となる移動経路を列挙します。このためには、すべての考えられる配送先集合（地点の部分集合）に対して、配送先集合だけを通る移動経路で移動時間が H_regular + H_max_overtime に満たないものをすべて列挙すれば十分です。実際には 1 つの配送先集合に対して最も移動時間が短い移動経路だけを残すとしたほうが効率がよいので、そのように計算することとしましょう。したがって、移動経路の列挙は「K_minus_o のすべての部分集合について、それらを訪問する最短経路を算出する」という方法で行うこととなります。自社拠点から指定された配送先を訪問する最短のルートを算出することは巡回セールスマン問題なので、前述の MTZ 定式化のテクニックを使って MIP としてモデリングすることが可能です。

移動経路の列挙のコードは次のようになります。

```
def simulate_route(z):
    # enumerate_routes のなかでのみ用いる関数
    # z は k_minus_o の部分集合を意味する長さ num_places の 0 また ↵
は 1 の値のリストで、
    # z[k] == 1(k in K)が k への訪問があることを意味する


    if z[0] == 0:  # 自社拠点を通らないルートは不適切なので ↵
None を返し、後段で除去する
        return None

    # 巡回セールスマン問題を解く
    daily_route_prob = pulp.LpProblem(sense=pulp.LpMinimize)

    # k から l への移動の有無
    x = {
        (k, l):
            pulp.LpVariable(f'x_{k}_{l}', cat='Binary')  ↵
```

```
if k!= l else pulp.LpAffineExpression()†12
        for k, l in product(K, K)
    }


    # MTZ 定式化のための補助変数
    u = {
        k: pulp.LpVariable(
            f'u_{k}',
            lowBound=1,
            upBound=len(K)-1,
        )
        for k in K_minus_o
    }
```

# MTZ 定式化の補助変数の説明では訪問順序であることを意識して u ⤶
[0]を変数かのように書いたが
# 実際には 0 に固定されている値なので、ここでは u[0]を変数とし ⤶
ては定義しない

```
    h = pulp.LpVariable('h', lowBound=0, cat='Continuous')


    # 移動の構造
    for l in K:
        daily_route_prob += (
            pulp.lpSum([x[k,l] for k in K]) <= 1
        )


    for l in K:
        if z[l] == 1:
            # z で l への訪問が指定されている場合、必ず訪問するよ ⤶
うにする
            daily_route_prob += (
                pulp.lpSum([x[k,l] for k in K]) == 1
            )
            daily_route_prob += (
                pulp.lpSum([x[l,k] for k in K]) == 1
            )
        else:
```

---

†12　ここで pulp.LpAffineExpression() は一次式としての 0 を意味します。

```
            # z で l への訪問が禁止されている場合、訪問ができない  ↩
ように x に制約を入れる
            daily_route_prob += (
                pulp.lpSum([x[k,l] for k in K]) == 0
            )
            daily_route_prob += (
                pulp.lpSum([x[l,k] for k in K]) == 0
            )


    # サイクルの除去
    for k, l in product(K_minus_o, K_minus_o):
        daily_route_prob += (
            u[k] + 1 <= u[l] + len(K_minus_o) * (1-x[k, l])
        )


    # 労務関係（巡回セールスマン問題にはない制約だが、これが満たさ  ↩
れない場合実行不可能としたいので追加）
    travel = pulp.lpSum([t[k, l]*x[k, l] for k, l in  ↩
product(K, K)]) # 移動時間
    daily_route_prob += (travel-H_regular <= h)
    daily_route_prob += (h <= H_max_overtime)


    # 目的関数
    daily_route_prob += travel
    daily_route_prob.solve()


    return{
        'z': z,
        'route': {# k から l への移動の有無を辞書で保持
            (k, l): x[k, l].value()
            for k, l in product(K, K)
        },
        'optimal': daily_route_prob.status == 1,
        '移動時間': travel.value(),
        '残業時間': h.value(),
    }


def enumerate_routes():
```

```
    # 移動経路を列挙する
    # joblib を用いて計算を並列化 (16 並列) して、K_minus_o のすべ ⤶
ての部分集合に対する最短の移動経路を計算
    # これは次のコードを並列化したもの
    # routes = []
    # for z in product([0,1], repeat=len(K)):
    #     routes.append(simulate_route(z))
    routes = Parallel(n_jobs=16)(
        [delayed(simulate_route)(z) for z in product ⤶
([0,1], repeat=len(K))]
    )

    # 結果が None のもの (自社拠点を通らないもの) を除去
    routes = pd.DataFrame(filter(lambda x: x is not ⤶
None, routes))

    # 結果が Optimal でないもの (ここでは移動時間が長すぎて実行不 ⤶
能となるもの) を除去
    routes = routes[routes.optimal].copy()
    return routes

routes_df = enumerate_routes()
```

　移動経路の一覧は次のようになります。この例では訪問先の工場が 9 地点
あるので順序を区別すると $9! = 362,880$ 通りの移動経路が考えられますが、
訪問先の集合を固定することで、大幅に考えるべき移動経路を減らすことがで
きました。ここで移動経路の数が $2^9 = 512$ 通りに満たない 286 通りとなって
いるのは、移動時間が長すぎて残業時間の制約により実行不可能となる移動経
路を除去しているためです。

```
routes_df
```

| | z | route | optimal | 移動時間 | 残業時間 |
|---|---|---|---|---|---|
| 1 | (1, 0, 0, 0, 0, 0, 0, 0, 0, 1) | {(0, 0): 0, (0, 1): 0.0, (0, 2): 0.0, (0, 3): ... | True | 366.0 | 0.0 |
| 2 | (1, 0, 0, 0, 0, 0, 0, 0, 1, 0) | {(0, 0): 0, (0, 1): 0.0, (0, 2): 0.0, (0, 3): ... | True | 228.0 | 0.0 |
| 3 | (1, 0, 0, 0, 0, 0, 0, 0, 1, 1) | {(0, 0): 0, (0, 1): 0.0, (0, 2): 0.0, (0, 3): ... | True | 585.0 | 105.0 |
| 4 | (1, 0, 0, 0, 0, 0, 0, 1, 0, 0) | {(0, 0): 0, (0, 1): 0.0, (0, 2): 0.0, (0, 3): ... | True | 100.0 | 0.0 |
| 5 | (1, 0, 0, 0, 0, 0, 0, 1, 0, 1) | {(0, 0): 0, (0, 1): 0.0, (0, 2): 0.0, (0, 3): ... | True | 430.0 | 0.0 |
| ⋮ | ⋮ | ⋮ | ⋮ | ⋮ | ⋮ |
| 486 | (1, 1, 1, 1, 1, 0, 0, 1, 1, 0) | {(0, 0): 0, (0, 1): 1.0, (0, 2): 0.0, (0, 3): ... | True | 558.0 | 78.0 |
| 488 | (1, 1, 1, 1, 1, 0, 1, 0, 0, 0) | {(0, 0): 0, (0, 1): 0.0, (0, 2): 0.0, (0, 3): ... | True | 614.0 | 134.0 |
| 490 | (1, 1, 1, 1, 1, 0, 1, 0, 1, 0) | {(0, 0): 0, (0, 1): 0.0, (0, 2): 0.0, (0, 3): ... | True | 617.0 | 137.0 |
| 492 | (1, 1, 1, 1, 1, 0, 1, 1, 0, 0) | {(0, 0): 0, (0, 1): 1.0, (0, 2): 0.0, (0, 3): ... | True | 626.0 | 146.0 |

| 494 | (1, 1, 1, 1, 1, 0, 1, 1, 1, 0) | {(0, 0): 0, (0, 1): 0.0,(0, 2): 0.0, (0, 3): ... | True | 629.0 | 149.0 |
|---|---|---|---|---|---|

　移動経路の列挙ができたので，これを用いて各日付について移動と配送する荷物の両方を指定したスケジュールを列挙します。日に依存することなく移動経路の候補が列挙できているので、実際には移動経路上で配送可能な荷物の部分集合であって重量制限を守れるものを日ごとに列挙すれば OK です。配送可能な荷物のすべての部分集合に対して重量制限が守られるかを確認してもよいですが、ここでは計算時間の削減のために「ある荷物の集合が重量制約に違反するのであれば、その集合に別の荷物を追加したものも重量制約に違反する」という性質を使って枝刈りをするべく、再帰的に列挙を行います。また、配送する荷物の集合の包含関係での比較と残業時間の比較の両方でほかのスケジュールに劣るようなスケジュールは MIP モデルで考慮する必要がないので、この段階で削除します。

```
def is_OK(requests):
    # 指定された荷物の配送が重量制約のもとで可能かを確認する
    # 可能である場合は配送を実行できる最短の移動経路のインデックス ↩
(routes_df におけるもの) とその所要時間を返す
    # 不可能であれば False を返す
    # requests: R に含まれるリストで、配送する荷物の一覧を表す

    weight = sum([w[r] for r in requests])
    if weight > W:
        return False

    # ルート関係
    best_route_idx = None
    best_hours = sys.float_info.max
    for route_idx, row in routes_df.iterrows():
        all_requests_on_route = all([row.z[k[r]] == 1 ↩
for r in requests])
        if all_requests_on_route and row.移動時間 <best_ ↩
hours:
            best_route_idx = route_idx
```

```
                    best_hours = row.移動時間
        if best_route_idx is None:
            return False
        else:
            return best_route_idx, best_hours


def _enumerate_feasible_schedules(requests_cands, cur ⤶
rent_idx_set, idx_to_add, res):
    # R に含まれるリスト requests_cands を候補として
    # current_idx_set で指定される荷物に加えて配送することができる
    # requests_cands[idx_to_add:]の部分集合をすべて列挙する ⤶
(再帰的に計算する)
    # 配送可能な荷物の集合は、リスト res に追加される


    # idx_set_to_check = current_idx_set + [idx_to_add]で ⤶
指定される
    # 荷物が配送可能かを確認する
    idx_set_to_check = current_idx_set + [idx_to_add]
    next_idx = idx_to_add + 1
    is_next_idx_valid = next_idx <len(requests_cands)
    requests = [requests_cands[i] for i in idx_set_to_check]
    is_ok = is_OK(requests)

    if is_ok:
        # idx_set_to_check で指定される荷物が配送可能であれば、
        # その配送に用いられるルートの情報を記録する
        best_route_idx, best_hour = is_ok
        res.append(
            {
                'requests': [requests_cands[i] for in ⤶
idx_set_to_check],
                'route_idx': best_route_idx,
                'hours': best_hour
            }
        )
        if is_next_idx_valid:
            # さらに荷物を追加できるかを確認する
            _enumerate_feasible_schedules(requests_ ⤶
cands, idx_set_to_check, next_idx, res)
    if is_next_idx_valid:
```

```
        # idx_to_add をスキップして、next_idx 以降の荷物が追加 ⤵
できるかを確認する
        _enumerate_feasible_schedules(requests_cands, ⤵
current_idx_set, next_idx, res)



def enumerate_feasible_schedules(d: int):
    # _enumerate_feasible_schedules を用いて d 日に考慮すべき ⤵
スケジュールを列挙する

    # 配送日指定に合うものだけを探索する
    requests_cands = [r for r in R if d_0[r] <= d <= d_1[r]]

    # res に d 日の実行可能なスケジュールを格納する
    res = [
        {'requests': [], 'route_idx': 0, 'hours': 0}
    ]
    _enumerate_feasible_schedules(requests_cands, [], 0, ⤵
res)

    # res を DataFrame 型にして後処理に必要な値を計算
    feasible_schedules_df = pd.DataFrame(res)
    feasible_schedules_df['overwork'] = (feasible_sched ⤵
ules_df.hours-H_regular).clip(0)
    feasible_schedules_df['requests_set'] = feasible_ ⤵
schedules_df.requests.apply(set)

    # feasible_schedules_df のうち、不要なスケジュールを削除する
    # すなわちあるスケジュールが別のスケジュールに対して
    #    一配送する荷物の集合の包含関係での比較
    #    一残業時間の比較
    # の 2 つの比較で同時に負けている場合には、そのスケジュールは利 ⤵
用価値がないため破棄する

    # 残すスケジュールの index の候補
    idx_cands = set(feasible_schedules_df.index)
    # 破棄するスケジュールの index の候補
    dominated_idx_set = set()
    for dominant_idx in feasible_schedules_df.index:
        for checked_idx in feasible_schedules_df.index:
```

```
                # 配送する荷物の集合の包含関係での比較
                requests_strict_dominance = (
                    feasible_schedules_df.requests_set.loc ⮐
[checked_idx] <
                    feasible_schedules_df.requests_set.loc ⮐
[dominant_idx]
                )
                # 残業時間の比較
                overwork_weak_dominance = (
                    feasible_schedules_df.overwork.loc ⮐
[checked_idx] >=
                    feasible_schedules_df.overwork.loc[domi ⮐
nant_idx]

                )
                if requests_strict_dominance and overwork_ ⮐
weak_dominance:
                    dominated_idx_set.add(checked_idx)

    nondominated_idx_set = idx_cands-dominated_idx_set
    nondominated_feasible_schedules_df = feasible_sched ⮐
ules_df.loc[nondominated_idx_set, :]
    return nondominated_feasible_schedules_df


_schedules = Parallel(n_jobs=16)([delayed(enumerate_fea ⮐
sible_schedules)(d) for d in D] )
feasible_schedules = dict(zip(D, _schedules))
```

　各日付ごとの考慮すべきスケジュールの数を調べると、1 日最大 939 個、全体で 8,430 個のスケジュール候補を考慮して計画を立てればよいとわかります。これはちょうど MIP の 0-1 変数の数に対応するので、このような規模であれば問題が解けそうな気がしてきますね。

```
print('1 日の最大スケジュール候補数:', max([len(df) for df in ⮐
feasible_schedules.values()]))
print(' スケジュール候補数の合計:',sum([len(df) for df in ⮐
feasible_schedules.values()]))
```

```
1 日の最大スケジュール候補数: 939
スケジュール候補数の合計: 8430
```

## ❹ 問題を解く

　最後に、列挙できたスケジュール候補を用いて、実際に混合整数計画問題を定義してソルバーに解かせましょう。プログラムは次のようになります。

- ・決定変数

$z_{dq} \in \{0, 1\}$　$(d \in [D], q \in \{0, 1\})$：どのスケジュールを採用するかを表す変数

$y_r \in \{0, 1\}$　$(r \in R)$：荷物 $r$ の外部委託による配送を表す補助変数

$h_d \in \mathbb{R}_+$　$(d \in [D])$：残業時間を表す補助変数

```python
prob = pulp.LpProblem(sense=pulp.LpMinimize)

# ■変数
# 日ごとにどの配送計画を採用するか
z = {}
for d in D:
    for q in feasible_schedules[d].index:
        z[d, q] = pulp.LpVariable(f'z_{d}_{q}', cat='Bi ⮑
nary')

# 配送を外注するかどうかの補助変数
y = {
    r: pulp.LpVariable(f'y_{r}', cat='Continuous', low ⮑
Bound=0, upBound=1)
    for r in R
}

# ■制約・目的関数定義の準備
# 荷物 r の配送の回数を y，z の言葉で表現しておく
deliv_count = {r: pulp.LpAffineExpression() for r in R}
for d in D:
    for q in feasible_schedules[d].index:
        for r in feasible_schedules[d].loc[q].requests:
            deliv_count[r] += z[d, q]

# 日付 d の残業時間を y，z の言葉で表現しておく
h = {
```

```
    d: pulp.lpSum(
        z[d, q] * feasible_schedules[d].overwork.loc[q]
        for q in feasible_schedules[d].index
    )
    for d in D
}

# ■制約
# 1日1つのスケジュールを選択する
for d in D:
    prob += (
        pulp.lpSum(z[d, q] for q in feasible_schedules ↵
[d].index) == 1
    )

# y が外部委託による配送を表すように
for r in R:
    prob += (
        y[r] >= 1-deliv_count[r]
    )

# ■目的関数
obj_overtime = pulp.lpSum([c * h[d] for d in D])
obj_outsorcing = pulp.lpSum(
    [f[r] * y[r] for r in R]
)

obj_total = obj_overtime + obj_outsorcing
prob += obj_total

# ■求解
prob.solve()
```

　これで最適な配送計画をたてることができました。筆者の環境（2.4 GHz 8-Core Intel Core i9）では、計算時間は 10 分程度（その計算時間のほとんどは日ごとのスケジュール候補の列挙）となりました[13]。

........................................................................................
[13] 計算時間が長すぎて実験しにくい場合には、num_places や num_requests の値を小さくして実験してみてください。

## ❺ 得られた解の確認

これらのスケジュールは、たとえば以下のように可視化できます。

```python
# 日ごとに可視化
def visualize_route(d):
    for q in feasible_schedules[d].index:
        if z[d, q].value() > 0.5:
            route_summary = feasible_schedules[d].loc[q]
            route_geography = routes_df.loc[route_sum ↵
mary.route_idx]
            break

    # 背景
    a = plt.subplot()
    a.scatter(_K[1:,0], _K[1:,1], marker='x')
    a.scatter(_K[0,0], _K[0,1], marker='o')

    # 移動経路
    motions = [(k_from, k_to) for (k_from, k_to), used in ↵
route_geography.route.items() if used > 0]
    for k_from, k_to in motions:
        p_from = _K[int(k_from)]
        p_to =  _K[int(k_to)]
        a.arrow(
            *p_from, *(p_to-p_from),
            head_width=3,
            length_includes_head=True,
            overhang=0.5,
            color='gray',
            alpha=0.5
        )

        requests_at_k_to = [r for r in route_summary.re ↵
quests if k[r] == k_to]
        a.text(*p_to, ''. join([str(r) for r in requests_ ↵
at_k_to]))
```

```
    plt.title(f'Schedule for day: {d}')
    plt.show()
# 0日目のスケジュール
visualize_route(0)
```

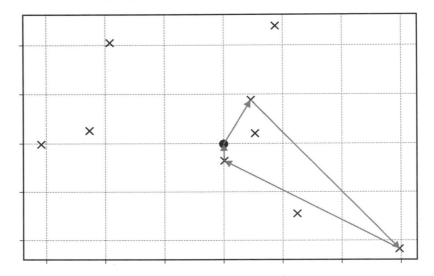

　実際にどのような荷物が外注に出されているかを見てみます。まず、荷物の配送結果を次のデータフレームにまとめます。

```
requests_summary_df = pd.DataFrame(
    [{
        'outsourced': y[r].value(),
        'weight': w[r],
        'freight': f[r],
        'location': k[r],
        'distance_from_o': t[k[r], o]
    } for r in R]
)
requests_summary_df
```

| | outsourced | weight | freight | location | distance_from_o |
|---|---|---|---|---|---|
| 0 | 0.0 | 1147.0 | 55200.0 | 2 | 95.0 |
| 1 | 0.0 | 1166.0 | 55200.0 | 5 | 127.0 |
| 2 | 0.0 | 588.0 | 27600.0 | 3 | 28.0 |
| 3 | 0.0 | 770.0 | 36800.0 | 7 | 50.0 |
| 4 | 0.0 | 1836.0 | 87400.0 | 8 | 114.0 |
| ⋮ | ⋮ | ⋮ | ⋮ | ⋮ | ⋮ |
| 115 | 0.0 | 1250.0 | 59800.0 | 5 | 127.0 |
| 116 | 0.0 | 1222.0 | 59800.0 | 1 | 154.0 |
| 117 | 0.0 | 956.0 | 46000.0 | 3 | 28.0 |
| 118 | 0.0 | 1088.0 | 50600.0 | 9 | 183.0 |
| 119 | 0.0 | 940.0 | 46000.0 | 1 | 154.0 |

　外注することとなった荷物の特徴を見てみましょう。配送の外注
（outsourced）の有無で荷物を分けて、重さ、外注費用、拠点からの距離の
平均を見てみると、次のようになります。

```
requests_summary_df.groupby('outsourced')[['weight',
'freight', 'distance_from_o']].agg('mean')
```

| outsourced | weight | freight | distance_from_o |
|---|---|---|---|
| 0.0 | 1012.818182 | 48718.181818 | 105.463636 |
| 1.0 | 955.500000 | 45080.000000 | 134.300000 |

おおまかな傾向としては、「拠点から遠くて外注配送費が安いもの」が外注の対象として選ばれやすいことがわかり、自然な結果となっています。なお、荷物ごと外注配送・自社配送をプロットすると、下図のようになります。

```
requests_summary_df.plot.scatter(x='distance_from_o', ↵
y='freight', c='outsourced', cmap='cool')
plt.show()
```

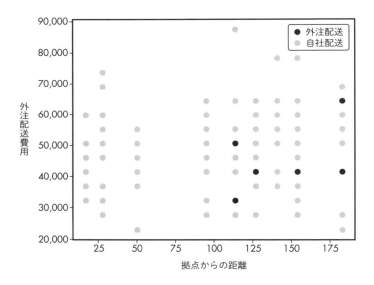

## 5.5 第5章のまとめ

本章では、VRP の問題設定で以下の内容を解説しました。

・巡回セールスマン問題の MTZ 定式化の技法
・素朴な MIP での定式化では求解が難しい問題でも、定式化の工夫によって最適解が得られるようになる場合があること
・補助変数を用いることで、素朴には非線形に思えるような最適化問題でも MIP の枠組みで記述できること

　なお、現実に現れる VRP は、本章での問題設定より大規模・複雑になることも考えられます。ここでいくつか問題設定の拡張例を挙げておくので、興味のあるトピックについて検討してみてください。

1. この章で解説している手法では問題規模に応じて指数的に時間のかかる部分解の列挙を行っており、問題規模が大きくなると厳密解の計算が難しくなると予想されます。問題の各種パラメータ（配送先の数、荷物の数、荷物の配送可能な日付の数）が変化したときに列挙や求解に必要な時間がどのように変化するか予想し、予想どおりの計算時間の変動となるか確かめてみましょう。予想どおりに計算時間が変動しない場合、その理由を考えてみましょう。

2. 外注が禁止されている荷物がある場合、最適化モデルをどのように拡張するのが適切でしょうか？

3. 一部の荷物に時間指定がある場合、最適化モデルをどのように拡張するのが適切でしょうか？

4. 複数の車両が利用できる場合には、最適化モデル・プログラムをどのように改修するとよいでしょうか？

　最後に実務的な観点からモデル・アルゴリズムの設計方針について補足しておきます。本章では厳密解を求められるような問題設定の VRP を考えましたが、一般的に VRP は NP 困難であり、厳密解を求められるとはかぎりません。モデリングよりもアルゴリズムの話となってしまうため本書では扱いませんが、実務で大規模な VRP を解くためには、擬似焼きなまし法や大近傍探索といったヒューリスティック解法を採用することが一般的です。

　複雑な実装を避けたい場合には、たとえば MIP を利用した厳密解法を途中で打ち切ることで十分に実用的な解が得られることもあります。また、本章で採用したような解法も、たとえば「1 日ごとのルートの列挙で現実的に好ましくなさそうなものを枝刈りする」などの処理によって、厳密な最適性を犠牲にしつつ大きな規模の問題に対応させることも考えられます。

# 数理最適化 API と
# Web アプリケーションの開発

## 6.1　導入

　本章では、実装した数理モデルをより使いやすく、実践的に活用するための方法の1つである **API** と **Web アプリケーション**について学びましょう。

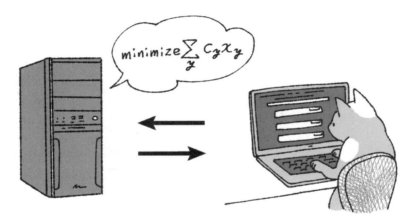

　今までの章と比べると急に話題が変わりましたね。数理最適化の本で「API」や「Web アプリケーション」といった言葉が出てくるのは珍しいと思います。本章では、なぜそのような話題を扱っているのか、どう開発するのかを解説していきます。本章は以下のようなニーズに応えることができるでしょう。

- ・API などの用語は知らないが、数理モデルの活用方法の幅を広げたい
- ・実装した数理モデルをシステムやプロダクトのなかで動かしたい
- ・周辺領域のエンジニアと連携したい

　本章のゴールは、API と Web アプリケーションの基礎とメリットを学ぶことで、数理モデルをより効果的に利用できるようになることです。本題に入る前に、まずは API と Web アプリケーションとは何者なのかを解説していきます。

## ❶ API とは？

　**API** とは、Application Programming Interface の略です。言い換えると、「汎用性の高い機能を、誰でも手軽に利用できるように提供される便利なしくみ」のことです。API の利用者は、公開された API を通じて、欲しい機能を一から開発することなく使うことができるようになります。つまり、利用者がAPI に対してやってほしいことのリクエストを送ると、API がなんらかの処理を行ったうえで適切なレスポンスを返してくれるのです。

　と、いうのがよく言われる API の説明ですが、わかったような、わからないような……。これだけだと API が何者なのかわからない、イメージをしづらいのが正直なところです。数理最適化を例にして、もう少しブレイクダウンしてみましょう。以下の状況をイメージしてください。

---

**企業 A（API 提供者）**

数理最適化を得意とする企業 A は、シフト最適化を行うプログラムをもっています。そのプログラムをいろんなクライアント企業に使ってもらいたいと考え、データを受け取ったらシフト最適化を実行する API を作成し、インターネット上に公開しました。

**クライアント企業（API 利用者）**

この API を利用するクライアント企業は、シフト作成用のデータを用意し、API に最適化を実行するためのリクエストを送ります。しばらくすると、最適化の結果をレスポンスとして受け取ることができます。

---

　この関係性を図示してみましょう。

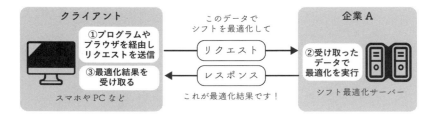

1. クライアント企業が、プログラムやブラウザ上からシフト最適化を実行するAPI（シフト最適化サーバー）に向けてリクエストを送信します。

2. リクエストを受け取ったシフト最適化サーバーが最適化を実行します。

3. 最適化が完了したら結果をレスポンスとして返却し、リクエストを投げたクライアントはその最適化結果を受け取ります。

このような、「リクエスト」を送ったら「レスポンス」が返ってくるまでのしくみ全体をAPIと理解しても問題ないでしょう。

この例では数理最適化でしたが、ユーザーIDを投げたらレコメンド結果を返してくれるAPI、画像を投げたら分類結果を返してくれるAPI、文章を投げたらポジティブ・ネガティブ判定を返してくれるAPIなど、さまざまなAPIが存在します。

## ❷ Webアプリケーションとは？

続いてWebアプリケーションについて説明します。Webアプリケーションの構成は、一般的に以下のような図で表現されます。

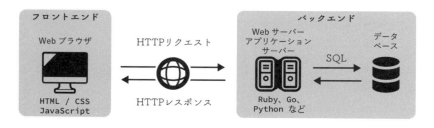

　さまざまな用語が出ていますが、頭に「Web」と付いているとおり、一般にインターネットなどのネットワークを経由して利用するアプリケーションソフトウェアのことを指します。Web アプリケーションは Web サーバー上で動いています。また、本書では扱いませんが、大量のデータを管理するデータベースも同時に利用されることが一般的です。

　Web アプリケーションも、ユーザー操作によるリクエストに応じてなんらかのレスポンスを返す——たとえば、ユーザーがボタンをクリックしたら画面を移動したりします。この点だけ見ると API とよく似ていますが、大きな違いとして、Web アプリケーションは Web ブラウザの画面（Web サイト）を介して利用者が機能を操作する、という点が挙げられます。Web アプリケーションでは、ファイルをアップロードしてからボタンを押下するなど、人間とのインタラクションが必要になります。API は基本的に利用者とのインタラクションは発生せず、データを送信したらデータが返却される、といったシステマチックな機能です。したがって、API[1] は Web アプリケーションの裏側で使用されることが多くなります。多くの読者がブラウザから使用しているメールサービスや SNS も Web アプリケーションである、と言えばイメージしやすいでしょうか？

　これらのアプリケーションは、通常どのようなブラウザからでもアクセスできるため汎用性が高いことが特徴です。前節のシフト最適化 API の事例を Web アプリケーションとして作成した場合の、ブラウザ上での画面イメージを以下に示します。

---

[1]　Web を通じて利用する API のことを Web API と呼びますが、本書では簡略化のために、単に API と表記しています。

この図の Web アプリケーションは、シフト最適化用データをアップロードするボタン（ファイルを選択）があり、ファイル選択後に最適化を実行するボタンを押すことで結果を得ることができます。Web アプリケーションにおいて、こういった「ファイルを選択」や「最適化を実行」のボタンを表示するような目に見える部分のことを**フロントエンド（クライアント）**と呼びます。一方で、API の説明のときに例として挙げたシフト最適化サーバーのように、画面の後ろ側で動く機能のことを**バックエンド（インフラ）**と呼びます。

　本章では、前項のような最適化 API を開発してから、このようなブラウザから操作できる Web アプリケーションを開発していきます。

## ❸ 数理最適化の本で API と Web アプリケーションを扱う理由

　実際の開発に移る前に、API や Web アプリケーションを扱う意義について整理しておきます。

　API や Web アプリケーションを実装することには、多くのメリットがあります。たとえば、どのような業務でも使える汎用的な機能を開発したときに、その機能を API として公開することで、誰でも気軽に使えるようになります。その機能の開発難易度が高いほど、再開発の手間がかからず多くの人の業務を効率化することができるでしょう。とくにインターネット上に API を公開すれば、どこでも使うことができるようになります。さらに、Web アプリケーションとしてブラウザから操作することができれば、エンジニアやプログラマだけではなく、プログラミングを主業務としないビジネス職の方にも簡単に機能を使ってもらうことができます。

　ここまで説明したメリットを簡単にまとめると、以下のようになります。

> **API と Web アプリケーションのメリット**
>
> ・汎用的な機能を誰でも使えるようになる
> ・機能を再開発する手間がかからず、開発を効率化できる
> ・インターネットに接続していればどこでも利用できる
> ・特別なスキルを要さずに、簡単に機能を利用できる（Web アプリケーションのみ）

　さて、ここまでの説明を聞いて、このようなメリットを享受するのは一般に
ソフトウェアエンジニアと呼ばれる人たちだ、と思われた方も多いのではない
でしょうか。実際、数理最適化エンジニアやデータサイエンティストが API
や Web アプリケーションの実装までするケースは、そこまで多くないかもし
れません。数理最適化のモデリングや実装、シミュレーションをしているなか
では、差し迫った必要性は少なく、触れる機会も少ないと思います。しかし筆
者はビジネスの場で実際に得た経験やプロダクトとしてのデータサイエンスの
観点から見て、下記のようなメリットがあると感じています。

---

**ビジネス観点のメリット**

・**スピード感をもって PoC[2] を推進できる場面が増える**
　実務のなかでは、作成したモデルを別プロダクトから API を通じて利
　用したり、Web アプリケーションとして実導入したりする必要がしば
　しば出てきます。データサイエンティストが API や Web アプリケー
　ションのプロトタイプまで作成することができれば、検討〜数理モデリ
　ング〜アプリケーションまで、一気通貫して開発することが可能になり
　ます。

・**カウンターパート（数理モデル開発の依頼者やプロジェクトオーナー）**
　**にプロトタイプを見せながら提案できるため、イメージが付きやすく意**
　**思決定しやすくなる**
　数理的なバックグラウンドがない方に対して、数式やプログラムのコマ
　ンドを見せながら説明するだけではコミュニケーションとして不十分な
　ことがあります。Web アプリケーションなど、最終アウトプットに近
　い形で説明してイメージを掴んでもらうことは大切です。

---

[2]　**PoC** とは Proof of Concept の略で、**概念実証**という意味です。本当にできるのか検証し
てみるフェーズのことを指します。

　昨今、数理最適化や AI、機械学習を実応用するためには、モデル開発と同
等に API など周辺のソフトウェア開発技術の知識も重要と言われています。
筆者の経験上、API や Web アプリケーションの開発方法やサーバーシステム
のしくみなどを習得することで、データサイエンティストとしての幅が大きく
広がると感じています。

　一般的に、API や Web アプリケーションの開発はバックエンドやフロント
エンドを専門とするエンジニアがリードするほうが理想的です。しかしなが
ら、実装したい数理モデルの入出力や前処理、モデル特性などを一番知ってい
るのはデータサイエンティストです。そのためデータサイエンティストが API
や Web アプリケーションの仕様や要件を最低限定義できると、スムーズな連
携ができます。プロジェクトをまるっとリードできる存在になれるでしょう。

## ❹ Web アプリケーションフレームワーク Flask

　API や Web アプリケーションを作成するために、本章では **Flask** という
Python の Web アプリケーションフレームワークを使用します。Flask は軽
量で、簡単かつスピーディに Web アプリケーションを作成できます。Python
における Web アプリケーションフレームワークのなかでは、最も有名なライ
ブラリの 1 つです。Flask はデータサイエンスと親和性が高く、以下のよう
なメリットがあります。

**Flask のメリット**

・**最小限の機能をもち動作が軽い**
　　試行錯誤を多く繰り返すデータサイエンスにおいて重要な項目

・**API・Web アプリケーションを起動させるまでの開発量が少ない**
　　インストールからアプリ開発、起動までスピーディに検証できる
　　基本動作までの学習項目が少ない

・**データサイエンスで多くの活用事例、ドキュメントが存在する**
　　わからないことがあってもすでに Q & A や情報発信がなされており、
　　解決方法が見つかりやすい

　基本的に、Flask を利用すると、API・Web アプリケーションの開発者は利用者が送るリクエストとサーバーが返すレスポンスの実装のみに集中できます。また、Flask はシンプルなフレームワークながらカスタマイズ性に富んでいるので、Flask を使用した開発のなかで、API や Web アプリケーションの基礎となる技術を網羅的に知ることができます。

　ちなみに Flask と同様に、**Django** という有名なオープンソースのフレームワークもあります。Django には Web アプリケーションの実用化に必要なビルトイン機能が多く、大規模開発に向いているとされており、世界中の企業で使われています。しかし Flask もサードパーティを利用した拡張などカスタマイズ性に富んでおり、今回の数理最適化問題を解くようなシンプルな機能の場合は、Django よりもシンプルな Flask が選ばれる傾向があります。また、近年では Web アプリケーションフレームワークの開発は活発です。Google 検索などのサーチエンジンで「python web application」を検索すると、Flask 以外にも多くのフレームワークが出てくるでしょう[3]。

---

[3]　2021 年現在、機械学習やデータサイエンスと相性のよい FastAPI や Streamlit といったフレームワークも人気があります。

本章の目的は、クライアントサイドとサーバーサイドの最低限の知識[†4] を学び、Web アプリケーションのプロトタイプを構築できるようになることです。

## ❺ 実務でありそうな事例からイメージを掴もう

さて、本章で扱う数理モデルを解説する前に、実務でよく発生しそうなやりとりを例に API や Web アプリケーションの効果をイメージしてみましょう。

---

あなたはとある企業のデータサイエンティストです。ある日、セールスパーソンから「**訪問予定の企業のリストがあり、その日程を決めたいのですが、経費を最小化して移動したいと考えています。訪問日程は自由に制御できる前提で、訪問スケジュールを最適化してもらえませんか?**」という依頼を受けました。

あなたは試しに「移動コストを考慮した最短経路問題」と考えて数理モデリングを行い、訪問スケジュールを作成するプログラムを実装し、セールスパーソンから訪問予定のリストをもらい、手もとで出てきた結果を提供しました。セールスパーソンはその結果に納得し、本格的に使っていきたい!となり、その日はめでたしとなりました。

しばらくして、同じセールスパーソンから「**訪問予定のリストに変更がありました。新しいリストでスケジュール作成してもらえませんか?**」と依頼がありました。1 回くらいなら簡単に手もとで最適化プログラムを実行できると思ったあなたは、依頼を受け取って最適な訪問スケジュールを渡しました。

すると、さらに次の日「**訪問予定のリストに変更があった(以下同文)**」と連絡がありました。さらに「**ほかのセールスパーソンも使いたいということで、訪問リストをもらってきました(30 個!)。このリストでも訪問スケジュールを作成してください**」という依頼も受けました。

---

[†4]　本章では、Web アプリケーションの有効性の理解と活用を目的としており、それを達成するための最低限の解説を行っています。したがって、今までこの領域に触れたことがない人にも理解できる内容、本書のコードをそのまますぐに応用できる形を目指しています。プロトタイピングとしては本章の内容で十分ですが、より高性能で大規模な運用に耐えうるシステム開発や本番運用の場合は、インフラエンジニアやクライアントエンジニアを巻き込む必要が出てくるでしょう。

**Web アプリケーションを利用しないケース**

あなたはすべて気合い（手作業）で対応し、要望に応えていきました。最初は迅速に対応していましたが、数が多く間に合わないことが増えてきました。その結果、よい機能のはずなのに、依頼の手間や結果を得るまでの遅延などが影響し、徐々に使われなくなってしまいました。

**Web アプリケーションを利用するケース**

あなたは数理モデルの最適化を行う Web アプリケーションを開発しました。そこでは、利用者（セールスパーソン）が特定の URL にブラウザからアクセスし、自身の訪問リストをアップロードして最適化ボタンを押すことで最適化結果を得ることができます。この Web アプリケーションをセールスパーソンに公開しました。セールスパーソンは好きなタイミングで最適化された訪問スケジュールを取得できるようになり、あなたは手動で最適化する作業がなくなり、お互い効率的に業務を進めることができるようになりました（もちろん現実ではサーバーの保守運用などが発生しますが、しっかりとした設計と開発をしていれば毎日問題になることは少ないでしょう）。この機能は今でも現役で使われているようです。

こうした「訪問スケジュールを最適化できないか？」などの要望から始まる新しい機能開発での利用者と開発者のやりとりは、実務のなかで多く発生します。両者のやりとり自体はお互いの認識の齟齬をなくすために必要な過程です。

　しかしモデルの性能がよく本格的に使っていきたいとなったタイミングでは、今一度立ち止まり、どのようにモデルを提供するのか、どのようにモデルが使われていくのか考えることに大きな価値があります。Web アプリケーションを利用しない事例では気合い（手作業）で対応していましたが、セールスパーソン自身で数理最適化を利用できる環境を用意できれば、訪問リストに変更があってもあなたの作業は発生せず、本来の業務に集中できます[5]。

---

[5]　もちろん、スピードや事業インパクトを考慮すると、Web アプリケーションの開発よりもすべて気合いで対応し要望に応えていく、という選択が仕事を行ううえで重要となる場面が多いのも事実です。しかし中長期的な目線では、手作業ですべて対応するのは現実的ではないでしょう。

このように、API や Web アプリケーションを活用することで、開発者、利用者ともに大きなメリットを享受できる、というのは知っておいても損はないと思います。

### ❻ サークルにおける学生の乗車グループ分け問題

さて、この節の締めくくりとして、本章で扱う数理最適化問題に触れておきます。今回は、大学のサークル活動として旅行するときの、学生の乗車グループ分け問題を考えます。

サークルの代表であるあなたは、サークルのみんなが満足するグループ分けを期待されています。単にグループを分けるだけではなく、みんなの親睦を深めることも目的の1つなので、特定のグループは仲良しグループ、それ以外は話したこともない人が集まったグループ、のような偏りが出ては困ります。

たとえば、どの車にも盛り上げ役の人が必ず1人いたり、知り合いは最低1人以上いること、男女がある程度分かれること、などが条件として考えられます。また、運転免許を持っているか、何人乗りの車が何台必要か、許容できる予算内でやりくりしたい、などグループ内の学生の相性以外にもさまざまな要因が絡むでしょう。

学生の数が10人程度ならば簡単にグループを決められるかもしれませんが、50人、100人と規模の大きなサークルになったらどうでしょう？　意外と考えることが多く、時間がかかりそうですね。

本章では、この課題を解決する数理最適化モデリングを題材に、話を進めていきます。Web アプリケーション開発をメインに据えているため、数理モデル自体はシンプルなものに留めているので、さっそく数理モデリングを進めていきましょう。

## $6.2$　数理モデリングと実装

それでは、サークル活動における学生の乗車グループ分け問題をモデリングしていきます。最初に課題の整理を行います。

**❶ 課題整理**

　今回は「学生をどの車に割り当てるか決定する」ので、**0-1 整数計画問題**と
なります。0-1 整数計画問題とは、2.2 節の最後で説明したように、変数が 0
か 1 をとる問題のことです。この問題の制約条件としては、車を運転するた
めの法規制に関する制約や、懇親目的の制約を考慮する必要があります。

> **学生の乗車グループ分け問題**
> 要件(1)　学生をどの車に割り当てるかを決定する
>
> **旅行に行くための法規制に関する制約**
> 要件(2)　乗車人数は定員を超えてはいけない
> 要件(3)　運転免許証をもつ学生を 1 人以上車に割り当てる
>
> **懇親を目的とした制約**
> 要件(4)　各学年の学生を 1 人以上車に割り当てる
>
> **ジェンダーバランスを考慮した制約**
> 要件(5)　男女それぞれ 1 人以上を車に割り当てる

**❷ データの確認**

　本章で利用するデータとソースコード一式は、ダウンロードしたフォルダ
PyOptBook の 6.api フォルダ以下に置いてあります。フォルダ構成は次の
とおりです。

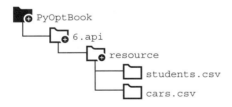

　ここまでの章と同じように、読者の皆さんは任意の作業ディレクトリで実行
できます。作業フォルダが決まったらディレクトリごとにコピーしてください。
なお、students.csv は学生データ、cars.csv は今回利用可能な車データ
です。

それでは、まず学生データを見ていきましょう。カラム名とデータの名称、およびデータの説明を次の表に整理したので確認してください。

| カラム名 | 名称 | 説明 |
|---|---|---|
| student_id | 学生 ID | 0~23 の間でユニークな整数値をとる |
| license | 運転免許証有無 | 0：未所持、1：所持 |
| gender | 性別 | 0：男性、1：女性 |
| grade | 学年 | 1~4 の整数値をとる |

```
import pandas as pd  # データを読み込み、操作するためのライブラリ

students_df = pd.read_csv('resource/students.csv')
print(students_df.shape)  # データの行数、列数を確認
```

```
(24, 4)
```

```
# 上位 5 件を表示
students_df.head()
```

| | student_id | license | gender | grade |
|---|---|---|---|---|
| 0 | 0 | 0 | 0 | 1 |
| 1 | 1 | 1 | 1 | 2 |
| 2 | 2 | 1 | 0 | 3 |
| 3 | 3 | 1 | 1 | 4 |
| 4 | 4 | 0 | 1 | 1 |

車データも確認しておきましょう。車データに記載されている車は事前に利用可能な状態（レンタル、調達可能）であるとします。

| カラム名 | 名称 | 説明 |
|---|---|---|
| car_id | 車 ID | 0~5 の間でユニークな整数値をとる |
| capacity | 乗車定員 | 4，5，6 の整数値をとる |

```
cars_df = pd.read_csv('resource/cars.csv')
print(cars_df.shape)  # データの行数、列数を確認
```

```
(6, 2)
```

```
cars_df
```

|  | car_id | capacity |
|---|---|---|
| 0 | 0 | 6 |
| 1 | 1 | 6 |
| 2 | 2 | 5 |
| 3 | 3 | 4 |
| 4 | 4 | 5 |
| 5 | 5 | 5 |

## ❸ 数理モデリング

　さきほどまとめた課題を数理モデルにすると、以下のような $\{0, 1\}$ の値をとる変数 $x_{sc}$ を求める 0-1 整数計画問題になります。次節以降で作成する API や Web アプリケーションの入出力のデータに関係があるので、内容をよく確認してください。

・リスト

$S$：学生のリスト

$C$：車のリスト

$G$：学年のリスト

$S_{license}$：免許を持っている学生のリスト

$S_g$ $(g \in G)$：学年が $g$ の学生のリスト

$S_{male}$：男性のリスト

$S_{female}$：女性のリスト

・**変数**：学生 $s$ を車 $c$ に割り当てる場合に 1、そうでない場合に 0 をとる変数

$$x_{sc} \in \{0, 1\} \quad (s \in S, c \in C)$$

・**定数**

$U_c$ $(c \in C)$：車 $c$ の乗車定員

・**制約条件**

**制約（1）各学生を 1 つの車に割り当てる**

$$\sum_{c \in C} x_{sc} = 1 \quad (s \in S)$$

**制約（2）各車には乗車定員より多く乗ることができない**

（法規制に関する制約）

$$\sum_{s \in S} x_{sc} \leq U_c \quad (c \in C)$$

**制約（3）各車にドライバーを 1 人以上割り当てる**

（法規制に関する制約）

$$\sum_{s \in S_{license}} x_{sc} \geq 1 \quad (c \in C)$$

**制約（4）各車に各学年の学生を 1 人以上割り当てる**

（懇親を目的とした制約）

$$\sum_{s \in S_g} x_{sc} \geq 1 \quad (g \in G, c \in C)$$

**制約（5）各車に男性を 1 人以上割り当てる**

（ジェンダーバランスを考慮した制約）

$$\sum_{s \in S_{male}} x_{sc} \geq 1 \quad (c \in C)$$

**制約（6）各車に女性を 1 人以上割り当てる**

（ジェンダーバランスを考慮した制約）

$$\sum_{s \in S_{female}} x_{sc} \geq 1 \quad (c \in C)$$

・**目的関数**

なし

　この数理モデルでは、入力は `students.csv` と `cars.csv` から得られるリストと定数です。出力は各学生 $s$ がどの車 $c$ に乗ればよいかを表す変数 $x_{sc}$ になります。

**❹ 数理モデルの実装**

　前述の数理モデリングを実装したものが、以下のコードです。

```python
import pandas as pd
import pulp

students_df = pd.read_csv('resource/students.csv')
cars_df = pd.read_csv('resource/cars.csv')

# 学生の乗車グループ分け問題（0-1 整数計画問題）のインスタンス作成
prob = pulp.LpProblem('ClubCarProblem', pulp.LpMinimize)

# リスト
# 学生のリスト
S = students_df['student_id'].to_list()
# 車のリスト
C = cars_df['car_id'].to_list()
# 学年のリスト
G = [1, 2, 3, 4]
# 学生と車のペアのリスト
SC = [(s, c) for s in S for c in C]
# 免許を持っている学生のリスト
S_license = students_df[students_df['license']==1]['stud
ent_id']
# 学年が g の学生のリスト
S_g = {g: students_df[students_df['grade']==g]['student_
id'] for g in G}
# 男性と女性のリスト
S_male = students_df[students_df['gender']==0]['student_id']
S_female = students_df[students_df['gender']==1]['stud
ent_id']

# 定数
# 車の乗車定員の定数
```

```
U = cars_df['capacity'].to_list()

# 変数
# 学生をどの車に割り当てるかを変数として定義
x = pulp.LpVariable.dicts('x', SC, cat='Binary')

# 制約
# (1) 各学生を1つの車に割り当てる
for s in S:
    prob += pulp.lpSum([x[s, c] for c in C]) == 1

# (2) 法規制に関する制約：各車には乗車定員より多く乗ることができない
for c in C:
    prob += pulp.lpSum([x[s, c] for s in S]) <= U[c]

# (3) 法規制に関する制約：各車にドライバーを1人以上割り当てる
for c in C:
    prob += pulp.lpSum([x[s, c] for s in S_license]) >= 1

# (4) 懇親を目的とした制約： 各車に各学年の学生を1人以上割り当てる
for c in C:
    for g in G:
        prob += pulp.lpSum([x[s, c] for s in S_g[g]]) >= 1

# (5) ジェンダーバランスを考慮した制約：各車に男性を1人以上割り当てる
for c in C:
    prob += pulp.lpSum([x[s, c] for s in S_male]) >= 1

# (6) ジェンダーバランスを考慮した制約：各車に女性を1人以上割り当てる
for c in C:
    prob += pulp.lpSum([x[s, c] for s in S_female]) >= 1
```

## ❺ 問題を解く

　以上で数理モデリングと実装が完了しました。それでは solve メソッドを利用することで、問題を解いてみましょう。

```
# 求解
status = prob.solve()
print('Status:', pulp.LpStatus[status])
```

```
Status: Optimal
```

　ステータスが Optimal となり、最適解を求めることができました。次に、
実際の最適解の中身を確認してみましょう。下記コードでは、各車の乗車定員
と割り当てられた学生を出力しています。今回の問題では複数の最適解が存在
するため、実行する環境によって異なる解になることに注意してください。他
章と同様に最適解の検証をするとよいでしょう。

```
# 最適化結果の表示
# 各車に割り当てられている学生のリストを辞書に格納（車 ID→割り当て
られた学生のリスト）
car2students = {c: [s for s in S if x[s, c].value()==1]
for c in C}

# 各車の乗車定員（車 ID→乗車定員）
max_people = dict(zip(cars_df['car_id'], cars_df['capac
ity']))

for c, ss in car2students.items():
    print(f"車 ID: {c}")
    print(f"学生数（乗車定員）: {len(ss)}({max_people[c]})")
    print(f"学生: {ss}\n")
```

```
車 ID: 0
学生数（乗車定員）: 4(6)
学生: [6, 7, 8, 9]

車 ID: 1
学生数（乗車定員）: 4(6)
学生: [4, 18, 21, 23]

車 ID: 2
学生数（乗車定員）: 4(5)
学生: [5, 19, 20, 22]

車 ID: 3
学生数（乗車定員）: 4(4)
学生: [3, 10, 13, 16]
```

```
車 ID: 4
学生数（乗車定員）: 4(5)
学生: [0, 2, 11, 17]

車 ID: 5
学生数（乗車定員）: 4(5)
学生: [1, 12, 14, 15]
```

　これで簡単な数理モデルができあがりました。次節からはいよいよここで定義した数理モデルを解く API 開発に入っていきましょう！

# 6.3　最適化 API を作る

　それでは、数理最適化問題を解いてくれる API の作成に移ります。まずは要件定義からです。

## ❶ 要件と仕様の定義
　まず、なにを作りたいのか明確にしましょう。以下が今回作ろうとしている API の要件と仕様です。要件は API が満たすべき機能の条件、仕様はその要件を達成するための手段や方法を表しています。

---

【要件】
API に学生データと車データを投げると、学生の乗車グループ分け問題を解いた結果を得られる。

【仕様】
・HTTP プロトコルによる API との通信（リクエストとレスポンス）
　　**リクエスト（入力）**：学生データ、車データの csv ファイル
　　**レスポンス（出力）**：最適化結果の csv ファイル

・**最適化を実行**
　　学生の乗車グループ分けを行うモジュールの作成

---

　Flask を用いることにより、HTTP 形式での通信を行うしくみはほぼ自動で作成してくれます。そのため、今回作る必要があるのは以下の 3 つとなります。

・リクエスト（入力）を受け付ける部分
・最適化を行う部分
・レスポンスを返す部分

　イメージしやすいように、今回作る API のモック（擬似コード）を Python で示します。このコードは API 利用者ではなく、API の提供者がサーバー上で実行するコードになるので注意してください。
　データサイエンスのコードも同様に、実装を開始する前に最終形のイメージを検討しておくことで、設計・開発の方針が立てやすくなります。

```python
def solve():
    # 1. リクエスト受信
    students_df, cars_df = preprocess(request)
    # 2. 最適化実行
    solution_df = CarGroupProblem(students_df, cars_df) ⏎
.solve()
    # 3. レスポンス返送
    response = postprocess(solution_df)
    return response
```

　まず、1. では API 利用者からのリクエストを引数に受け取る前処理の関数 preprocess() があり、返り値として pandas の DataFrame 形式の学生データと車データを返します。
　2. では、このデータをもとに数理最適化モデルのクラス CarGroupProblem を定義（初期化）し、solve() メソッドを用いて解いています。
　3. では、2. で得られた結果を後処理して、レスポンスとなるデータを作成し、return で返却しています。
　API を作るのが初めての方は、これだけ見ると「普通の Python の関数じゃん！」と思いますよね。実際にプロダクト化するにはこのかぎりではないですが、Flask を用いてシンプルなアプリケーションを作る場合、この 1. 〜 3. のような手順になることが多いです。数理最適化から話を広げて、商品購買予

測や推薦などの機械学習問題に当てはめても似たような順序になるため、ここで学んだ API 構築手順はデータサイエンス一般に活用できます。

もう少し汎用的に述べると、1. が予測・分類したいデータの受信と前処理（データ形式の変更や数値変換などの特徴エンジニアリング）、2. が機械学習モデルによる予測・分類（1. のデータを用いて確率値などを推測）、3. が予測・分類結果の後処理と返却（予測結果の加工や関連情報の付加）になるでしょう。

さて、本節で作成する最適化 API のファイル構成は以下のとおりです。

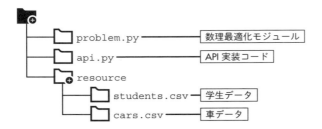

また、通信フローとファイルの関係性は下図のとおりです。

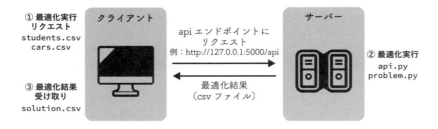

## ❷ 数理モデルのモジュール化

前項で解説した関数（API のモック）を API として実装するためには、数理モデルを解くモジュール（スクリプト、クラス）を作っておくと便利です。

類似の最適化プログラムの開発の際に毎回その数理モデルのコードをコピーする必要がなくなり、それぞれのプログラムで再利用できるようになります。

具体的には、from problem import CarGroupProblem のように、problem.py スクリプトに定義された CarGroupProblem クラスをインポー

トして使うことができるようになります。また、機能ごとにコードが分かれて疎結合になるので、メンテナンス性を高められるのもメリットですね。

　本章では API・Web アプリケーション開発までデータサイエンティスト自身が関われることを目指していますが、実務ではサーバーサイドエンジニアやフロントエンドエンジニアが API・Web アプリケーションの開発を行うことが多いでしょう。つまり、最適化モデルの実装をして、その機能を提供するまでがデータサイエンティストとエンジニアの責任分界点になる場合が多いと思います。その際に数理モデルのモジュール化ができていると、入出力の形式が定まることと同義であるため、結合部分（入出力形式）を決めるだけでそれぞれの開発を独立して進められる、コードの可読性が上がる、システムとモデルの問題の切り分けが容易になる、などさまざまなメリットを享受できます。

　では、前節で実装した数理モデルをモジュール化していきましょう。本項で行うことを一言で表すと「学生の乗車グループ分け問題を解く“クラス”を作る」ことです。具体的には「学生と車のデータを受け取ってインスタンス化（初期化）し、最適化を実行するメソッド solve() をもつ、学生の乗車グループ分け問題を解く“クラス”」を作ります。コードで表すと、下記ができる状態にします。

```
from problem import CarGroupProblem

problem = CarGroupProblem(students_df, cars_df)
solution = problem.solve()
```

　CarGroupProblem(students_df, cars_df) では、学生と車のデータを渡すことで最適化問題を初期化したのち、solve() メソッドを呼び出すことで解を求めています。

　初期化のなかでは、PuLP を用いて最適化モデルのインスタンスを作り、渡されたデータを用いてリストや制約、目的関数の定義をしています。

　では、CarGroupProblem を初期化する際の入力と、solve() メソッドの返り値を定義して実装に移りましょう。

以下に示すものが実装コードです。

スクリプトは problem.py に配置してあります。初期化時に呼ばれる__init__()で最適化問題を定義しています。solve()メソッドが呼ばれると最適化を実行します。__init__()のなかでは_formulate()メソッドを呼び出すことで、6.2 節で実装した学生の乗車グループ分け問題のインスタンス作成を行っています。python -m problem や python problem.py などのコマンドを実行すると、if __name__ == '__main__'文が実行され、このクラスの動作を簡易的にチェックすることができます。

```
# problem.py
import pandas as pd
import pulp

class CarGroupProblem():
    """学生の乗車グループ分け問題を解くクラス"""
    def __init__(self, students_df, cars_df,name='Club ↩
CarProblem'):
        # 初期化メソッド
        self.students_df = students_df
        self.cars_df = cars_df
        self.name = name
        self.prob = self._formulate()

    def _formulate(self):
        # 学生の乗車グループ分け問題(0-1 整数計画問題)のインスタンス作成
        prob = pulp.LpProblem(self.name, pulp.LpMinimize)
```

```
# リスト
# 学生のリスト
S = self.students_df['student_id'].to_list()
# 車のリスト
C = self.cars_df['car_id'].to_list()
# 学年のリスト
G = [1, 2, 3, 4]
# 学生と車のペアのリスト
SC = [(s, c) for s in S for c in C]
# 免許を持っている学生のリスト
S_license = self.students_df[self.students_df ⤵
['license'] == 1]['student_id']
# 学年が g の学生のリスト
S_g = {g: self.students_df[self.students_df['gra ⤵
de']==g]['student_id'] for g in G}
# 男性と女性のリスト
S_male = self.students_df[self.students_df['gen ⤵
der']==0]['student_id']
S_female = self.students_df[self.students_df ⤵
['gender']==1]['student_id']


# 定数
# 車の乗車定員の定数
U = self.cars_df['capacity'].to_list()


# 変数
# 学生をどの車に割り当てるかを変数として定義
x = pulp.LpVariable.dicts('x', SC, cat='Binary')


# 制約
# (1) 各学生を 1 つの車に割り当てる
for s in S:
    prob += pulp.lpSum([x[s, c] for c in C]) == 1


# (2) 各車には乗車定員より多く乗ることができない（法規制 ⤵
に関する制約）
for c in C:
    prob += pulp.lpSum([x[s, c] for s in S]) <= U[c]
```

```python
        # (3) 各車にドライバーを1人以上割り当てる（法規制に関す
る制約）
        for c in C:
            prob += pulp.lpSum([x[s, c] for s in
            S_license]) >= 1


        # (4) 各車に各学年の学生を1人以上割り当てる（懇親を目的
とした制約）
        for c in C:
            for g in G:
                prob += pulp.lpSum([x[s, c] for
                s in S_g[g]]) >= 1


        # (5,6) 各車に男女を1人以上割り当てる（ジェンダーバラン
スを考慮した制約）
        for c in C:
            prob += pulp.lpSum([x[s, c] for s in
            S_male]) >= 1


        for c in C:
            prob += pulp.lpSum([x[s, c] for s in
            S_female]) >= 1


        # 最適化後に利用するデータを返却
        return {'prob': prob, 'variable': {'x': x}, 'list':
{'S': S, 'C': C}}


    def solve(self):
        # 最適化問題を解くメソッド
        # 問題を解く
        status = self.prob['prob'].solve()


        # 最適化結果を格納
        x = self.prob['variable']['x']
        S = self.prob['list']['S']
        C = self.prob['list']['C']
        car2students = {c: [s for s in S if x[s, c].
        value()==1] for c in C}
        student2car = {s: c for c, ss in car2students.items
```

```
() for s in ss}
        solution_df = pd.DataFrame(list(student2car. ↩
items()), columns=['student_id', 'car_id'])

        return solution_df

if __name__ == '__main__':
    # データの読み込み
    students_df = pd.read_csv('resource/students.csv')
    cars_df = pd.read_csv('resource/cars.csv')

    # 数理モデル インスタンスの作成
    prob = CarGroupProblem(students_df, cars_df)

    # 問題を解く
    solution_df = prob.solve()

    # 結果の表示
    print('Solution: \n', solution_df)
```

```
Solution:
     student_id  car_id
0             6       0
1             7       0
2             8       0
3             9       0
4             4       1
5            18       1
6            21       1
7            23       1
8             5       2
9            19       2
10           20       2
11           22       2
12            3       3
13           10       3
14           13       3
15           16       3
16            0       4
```

| | | |
|---|---|---|
| 17 | 2 | 4 |
| 18 | 11 | 4 |
| 19 | 17 | 4 |
| 20 | 1 | 5 |
| 21 | 12 | 5 |
| 22 | 14 | 5 |
| 23 | 15 | 5 |

　どうでしょうか？　CarGroupProblem のなかに数理モデルの実装を隠蔽することで、単に最適化を行いたい人は PuLP による記述をしなくても使うことができるようになりました。続いて、このモジュールを用いて API の実装を行ってみましょう。

　なお、これは最低限の機能をもつクラスの作成であり、実務や研究で利用する場合はより安全な設計が求められます。たとえば、solve() の返り値としては最適化ステータス（例：Optimal や Infeasible）も返すほうが親切です。また、すでに解き終っているのに solve() が呼ばれた場合は、再度最適化を実行するのではなく、前回の結果を（キャッシュなどで）インスタンスが保持しておいて返すほうが効率的です。初期化時に意図しないデータが渡ってきたときのエラーハンドリングなども重要です。本書では最適化が解ける前提で話を進めていきますが、実務などで利用する場合は注意してください。

### ❸ Flask を使った API の基礎の学習

　モジュールの用意ができたので、Flask を用いた API 作成を行っていきましょう。はじめに実装するコードの全体像を述べたあとに、それぞれの要素について解説・実装していきます。まず、以下のコードを確認してください。こちらは本節の❶「要件と仕様の定義」で整理した API 実装のモックに、今回利用する Flask のコードを追加した API 用コードの概要です。

```python
# 必要なライブラリのインポート
from flask import Flask, request
from problem import CarGroupProblem


# Flask のアプリケーションを作成
app = Flask(__name__)
```

```
# 最適化問題を解く API 用の関数
@app.route('/api', methods=['POST'])
def solve():
    # 1. リクエスト受信
    students_df, cars_df = preprocess(request)
    # 2. 最適化実行
    solution_df = CarGroupProblem(students_df, cars_df) ↵
.solve()
    # 3. レスポンス返送
    response = postprocess(solution_df)
    return response
```

　それぞれの関数やデコレータ[6] については後述しますが、少々の Flask に
関するコードを追加するだけで、簡潔に記述できることがわかると思います。
このコードについて上から見てみましょう。

## (1) 必要なライブラリのインポート

　flask ライブラリから Flask クラス、problem.py から CarGroupPro-
blem クラスをインポートしています。また、request はクライアントから
サーバーへ送信されてきたリクエストデータを扱うオブジェクトになります。

## (2) Flask のアプリケーションを作成

　app = Flask(__name__) で Flask クラスのインスタンスを作成します。
app とあるように、このインスタンスが API や Web アプリケーションを管理
する役割をもつ、と理解しておけばよいでしょう[7]。

---

[6]　**デコレータ**とは、既存の関数の中身に直接変更を加えることなく処理の追加を行う機能で
す。関数の上に @ デコレータ名で表記し、今回は @app.route('/api', methods=
['POST']) が該当します。
[7]　実際は WSGI アプリケーションとして動作します。WSGI とは Web サーバーと Web アプ
リケーション間のインターフェイスのことで、Python における Web アプリケーションは
WSGI に従って開発されています。また、Flask には自前の Web サーバー機能が実装されて
おり、テスト用には十分だと言われています。ただし、本番環境へデプロイする際は Gunicorn
や uWSGI などを用いた WSGI サーバーを新たに構築することが公式に推奨されています。

## （3）URL と関数を紐付ける

次に、solve()関数の直前に書かれている @app.route('/api', meth-ods=['POST']) について確認しましょう。まず、これは Python のデコレータという記法を表します。簡単に記法を示しておきましょう。

```
@foo
def bar():
    ...
```

という表記は、

```
bar = foo(bar)
```

を意味します。

少し特殊な機能なので裏側のしくみは省略して、できることだけに注目します。@app.route('/api', methods=['POST']) は関数 solve() に付いているデコレータです。こうすることで「API の利用者から API サーバーの /api エンドポイント（URL）に対する POST リクエストを受け付けた際に、solve()関数を実行してくださいね」ということをプログラムに教えています。

たとえば、ベース URL（example.com などのドメイン）やホスト名＋ポート（localhost：8888 など）があった場合、最適化を解く API の URL は http://example.com/api や http://localhost:8888/api になるでしょう。API 利用者が上記のアドレスにリクエストを送ることで、サーバーの裏側では solve() 関数が呼び出され、最適化を実行し、最適化結果を返却する、という一連のタスクが実行されます。この処理と URL などのパスを紐付ける機能のことを**ルーティング**（@app.route 部分）と言います。ルーティングはさまざまな機能を実装して URL 生成を行う際に便利な機能なので、Flask を使用する際には覚えておきましょう。

また、methods=['POST'] という引数は、API に対してなにをしてほしいかを伝える HTTP メソッドを表しています。HTTP メソッドに関しては、GET と POST を覚えておくとよいでしょう。

**GET** は取得を表しており、画面に表示したいページを取得することができ

ます。**POST** は一般に情報の送信を表しており、データをサーバーに送信し、データベースに登録する処理を行うときなどに使用します。本書のような数理最適化の文脈においては、数理モデルへの入力を送信し、数理モデルによる最適化結果を受け取るような処理をするときに使える HTTP メソッドと言えます。GET と POST は両方ともリクエストを送信したあとにレスポンスを受け取りますが、GET は URL の末尾にリクエストで送信するデータ（リクエストパラメータ）が付与されます。パスワードや機密情報を含むデータを送る場合に誰かが簡単に URL からデータを読み取ることができてしまいます。一方で POST は URL に含めずにデータを送信できます。また、URL には長さの制限があり大きなサイズのデータを GET で送信することはできません。したがって、今回は POST メソッドを利用しています。

　本書の例では、@ で修飾した関数 `solve()` を、@ で指定した関数 `@app.route(...)` でラップしています。`@app.route(...)` は内部で関数（`decorator(f)`）を返しており、`decorator(solve)` というコードが実行され、そのなかで/api エンドポイントへのアクセスに対する挙動の登録を行っています（内部的には app.add_url_rule() という指定したエンドポイントの URL と実行したい関数を結び付けるメソッドを呼び出していますが、記述をシンプルにするためにデコレータがしばしば使われます）。詳細は公式ドキュメントを参照してください。

### (4) 最適化問題を解く API 用の関数

　最後に、`solve()`関数を見ていきましょう。`solve()`は❶「要件と仕様の定義」で解説したとおりで、❷「数理モデルのモジュール化」で作成した `CarGroupProblem` クラスを利用しています。モジュール化したことで API の本質部分のコードがシンプルになり、コードの可読性が上がったことがよくわかりますね。

### ❹ 最適化問題を解く API の作成

　❸「`Flask` を使った API の基礎の学習」では、API を実装するための基礎を解説しました。その知識と紐付けながら、API 用のコードを完成させましょう。まず、データの受け取り部分の関数 `preprocess()` を実装します。

```
def preprocess(request):
    """リクエストデータを受け取り、データフレームに変換する関数"""
    # 各ファイルを取得する
    students = request.files['students']
    cars = request.files['cars']
    # pandas で読み込む
    students_df = pd.read_csv(students)
    cars_df = pd.read_csv(cars)

    return students_df, cars_df
```

　この関数では、リクエストを引数に取り、学生データと車データを re
quest.files から取得します。Flask では、POST メソッドでリクエストが
投げられたときには、files 属性にデータが格納されます。

　なお、正確には後述する curl コマンドでリクエストを投げる方法やデータ
の指定方法により異なります。クライアントとサーバー間におけるデータの通
信では csv や json などさまざまなデータを扱いますが、扱っているデータの
種類を指定して伝える必要があります（**MIME**：multipurpose internet mail
extensions）。curl コマンドの-F オプションでデータを送信するときは
multipart/form-data という形式になり、request.files からアクセス
できます。application/json を指定した json データなら request.json
のようにアクセスできます。詳細は公式ドキュメントを参照してください。

　次に、後処理部分の関数 postprocess() を実装します。

```
def postprocess(solution_df):
    """データフレームを csv に変換する関数"""
    solution_csv = solution_df.to_csv(index=False)
    response = make_response()
    response.data = solution_csv
    response.headers['Content-Type'] = 'text/csv'
    return response
```

　CarGroupProblem の solve() メソッドの返り値は、最適化結果のデータ
フレームです。この後処理では、データフレームを csv 形式（文字列）に変
更しています。

　データサイエンスでは csv 形式のデータを扱うことが多く、また csv ファ

イルはエクセルやテキストエディタでも扱いやすいことから、今回は csv を
受け付け、csv を返却する実装になっています[8]。

　csv 形式のデータ solution_csv をそのまま返り値とすることで、Flask
が自動的にレスポンスを作成しリクエストもとに返却してくれます。ここでは
より適切にレスポンスを作るために、make_response() 関数を利用していま
す。

　make_response() 関数で作成したレスポンスオブジェクトの data 属性に
csv データを設定します。また、レスポンス内容が csv データであることを伝
えるために、HTTP レスポンスのヘッダー情報（リクエストやレスポンスの追
加情報）の Content-Type に 'text/csv' を設定しています。必要なレス
ポンス情報を作成したら、solve() 関数でそのままクライアントに返送しま
す。

　最後に、ここまで解説してきたコードをまとめましょう。以下が最適化問題
を解く API を動かすためのコード（api.py）です。

```
"""最適化問題を解き、最適化結果を返す API"""
from flask import Flask, make_response, request
import pandas as pd


from problem import CarGroupProblem


app = Flask(__name__)


def preprocess(request):
    """リクエストデータを受け取り、データフレームに変換する関数"""
    # 各ファイルを取得する
    students = request.files['students']
    cars = request.files['cars']
    # pandas で読み込む
    students_df = pd.read_csv(students)
    cars_df = pd.read_csv(cars)
```

[8]　一般的には、json 形式でデータの通信をする API が多く存在します。機能として json と csv どちらも受け付けてくれる API を作れると、汎用性は高くなるでしょう。

207

```
    return students_df, cars_df


def postprocess(solution_df):
    """データフレームを csv に変換する関数"""
    solution_csv = solution_df.to_csv(index=False)
    response = make_response()
    response.data = solution_csv
    response.headers['Content-Type'] = 'text/csv'
    return response


@app.route('/api', methods=['POST'])
def solve():
    """最適化問題を解く API 用の関数"""
    # 1. リクエスト受信
    students_df, cars_df = preprocess(request)
    # 2. 最適化実行
    solution_df = CarGroupProblem(students_df, cars_df) ⏎
.solve()
    # 3. レスポンス返送
    response = postprocess(solution_df)
    return response
```

## ❺ 最適化 API の使用

### (1) ローカル環境で API サーバーを起動させる

　それでは、さっそく開発した API を動作させるためのサーバーを立ち上げてみましょう。Flask で作成したアプリケーションは次の flask コマンドで立ち上げることができます（Flask をインストールした際に同時にインストールされます）。このコマンドはターミナル（macOS、Linux）、コマンドプロンプトや PowerShell（Windows）などから実行することができます。

```
# ターミナル(MacOS、Linux) の場合
$ export FLASK_ENV=development
$ export FLASK_APP=api:app
$ flask run
```

```
# コマンドプロンプト(Windows)の場合
> set FLASK_ENV=development
> set FLASK_APP=api:app
> flask run
```

```
# Powershell(Windows)の場合
> $env:FLASK_ENV=development
> $env:FLASK_APP=api:app
> flask run
```

flask コマンドを実行する前に、Flask アプリケーションを立ち上げるための環境変数を設定します。

- FLASK_ENV：development（開発環境）か production（本番環境）を指定します。指定しない場合は production がデフォルトになります。development にすることで、サーバーを起動しながらスクリプト更新の自動反映やデバッガーなどが使えるデバッグモードが有効になります。
- FLASK_APP：起動するアプリケーションを指定します。上記のコマンド（FLASK_APP=api：app）では api.py の app インスタンスを指定して起動しています。app インスタンスを指定しない場合でも、デフォルトで app という名前のインスタンスを自動で検知するため api.py や api と指定しても動作します。

flask run コマンドを実行することで、ローカルにおける API 用のサーバーを起動します[9]（api.py スクリプトが存在するディレクトリで実行してください）。このコマンドを実行したあとに、以下のような出力がされていたら起動に成功しています。

```
$flask run
 * Serving Flask app "api:app"(lazy loading)
 * Environment: development
 * Debug mode: on
 * Running on http://127.0.0.1:5000/(Press CTRL+C to quit)
 * Restarting with stat
 * Debugger is active!
 * Debugger PIN: 123-456-789
```

---

[9]　flask run コマンドでは、バインドするインターフェイスとポートは、それぞれデフォルトで 127.0.0.1、5000 が設定されています。しかし、任意の値を指定することが可能です。

とくに「Address already in use」エラーが出た場合は、別の場所ですでにアドレスが利用されているため、ポートを変更するなどの対応が必要な可能性があります。flask run に下記の新たな引数を追加することでホストとポートを指定できます。

- --host：バインドするインターフェイス（IP アドレスやホスト名のことを指す）を指定します。
- --port：バインドする（インターフェイスの）ポートを指定します。

```
$flask run --host 127.0.0.1 --port 25252
```

ホストやポートは、慣れていないと始めは戸惑うかもしれません。これらはサーバーを起動する住所を表しており、ホストが家、ポートが扉です。http://<host>:<port>という URL を介して、サーバーと接続できます。

今回はサーバーのアドレスに 127.0.0.1 を指定していますが、これは自分自身を表す特別なプライベートの IP アドレス（ループバックアドレス）で、自分の PC からしかアクセスできません。自分以外の PC が 127.0.0.1 を指定しても、その指定もとの PC 自身にアクセスされるからです。この IP アドレスを使うことで、自分が今使用している PC 上で起動しているサーバーにまるでリモートサーバーと通信しているような感覚で接続できます（ほかの人のPC からは接続できません）。これは今回のように API や Web アプリケーションが正常に動作しているか手もとで確認するときなどに役に立ちます。

127.0.0.1 には localhost というホスト名が設定されており、localhost と設定しても動作します。実は Jupyter Notebook も jupyter notebook コマンドでは Web アプリケーションとしてデフォルトで 127.0.0.1：8888 のアドレスにサーバーを立てて動作しているので、http://127.0.0.1:8888 やhttp://localhost:8888 のアドレスで利用できるのです。

### (2) 最適化 API サーバーにリクエストを送ってみよう！

起動した API サーバーに対して、curl コマンドを用いて最適化 API にリクエストを投げてみましょう。

curl コマンドとはデータを送受信するコマンドラインツールで、HTTP リクエストを通じて API の動作を手軽にチェックできます。curl では API の URL、

HTTP メソッド、送信するデータ、受信データの保存先などさまざまなオプションを指定できます。以下では -X オプションで POST メソッドを指定、-F オプションで学生データ（students.csv）と車データ（cars.csv）を name=@content の形式で指定、-o オプションで保存先を指定しています。

　Flask では name で指定した変数名をキーとして @content で指定したファイルを取得できます（content = request.files[name]）。注意点として、-F の content にファイルを指定するときは @ のプリフィックスを付ける必要があります。最後の http://127.0.0.1:5000/api が最適化 API のエンドポイント（最適化を解く URL）になります。

　では、6.2 節で確認したデータをリクエストに含めて、コマンドを実行してみましょう。以下のコマンドは、サーバーとは別プロセス（flask run を実行したウィンドウとは別のウィンドウ）から実行してください。実行が完了したら、resource/solution.csv にデータが保存されていることを確認してください。

```
$curl -X POST \
-F students=@resource/students.csv \
-F cars=@resource/cars.csv \
-o resource/solution.csv \
http://127.0.0.1:5000/api
```

　このとき、サーバー側のコマンドラインに以下のような出力が表示されていれば成功です。

```
$flask run
...
127.0.0.1--[01/Nov/2020 00:00:00] " POST /api HTTP/1.1" 200 -
```

/api エンドポイントに対して POST リクエストがきて、正常に終了したことを表すステータスコード 200 が出ています。もし 400 や 500 などのステータスコードが出ている場合、実装やリクエストコマンドに間違いが存在する可能性があるので確認してください。

　本当に API が機能しているか、念のため確認しておくことは大事です。下記コマンドで 6.2 節で実行した結果と一致しているかどうか確認しましょう。

```
$cat resource/solution.csv
student_id,car_id
6,0
7,0
8,0
9,0
4,1
...
```

　もし結果が異なった場合は、コーディングにミスがある、数理モデルが不安定である、複数の最適解がある、などの原因が考えられるでしょう。実務ではさまざまな要因が重なり、ローカル環境での結果とサーバーからの結果が異なってしまうこともしばしば起こるため、念のための確認やテストを仕込むことは大切です。

　もちろん、Python からもリクエストを投げることができます。標準ライブラリ urllib か、もしくは pip 経由でインストールできる Requests というライブラリを使うことで手軽に検証できます。Requests を利用した例を以下に示します（pip install requests で事前にライブラリのインストールが必要です）。

```python
import requests

# API のエンドポイント
url = 'http://127.0.0.1:5000/api'
# リクエストで渡すデータ
files = {'students': open('resource/students.csv', 'r'),
         'cars': open('resource/cars.csv', 'r')}
# POST リクエスト
response = requests.post(url, files=files)
# 結果の保存（`response.text` でレスポンス内容にアクセス可能）
with open('resource/solution_requests.csv', 'w') as f:
    f.write(response.text)
```

# 6.4　Webアプリケーションを作る

　前節では、最適化問題を解く API の作成、サーバーの起動と通信、そして最適化結果の取得までを行いました。本節では、そのコードをベースにして、UI（**User Interface**：ユーザーとプロダクトの接点。ここでは Web ブラウザで表示される画面）を作成し、Web アプリケーションを構築していきましょう。

## ❶ 要件と仕様の定義

　まず、なにを作るのか整理しましょう。

> 【要件】
> ブラウザから特定の URL にアクセスし、学生データと車データをアップロードすると、学生の乗車グループ分け問題を解いた結果をダウンロードできる。
>
> 【仕様】
> ・HTTP プロトコルによる Web サーバーとの通信ができる。
> ・トップページでは学生データと車データの csv ファイルをアップロードできる。
> ・最適化後のページでは結果を表示し、csv ファイルのダウンロードができる。

　API を作るときとほとんど変更点はありませんが、最適化機能（の API）をブラウザ画面から利用できるようになります。コマンドをターミナルから叩く必要がなくなるので、プログラマ以外の多くの人に利用してもらうことが可能となるでしょう。

　今回は、UI（ブラウザ画面部分）を作るために HTML ファイルを扱います。HTML ファイルとは、Web サイトの構造やボタンなどのオブジェクトを記述するために使用されるマークアップ言語です。「ここにファイルアップロードボタンを配置する」「ここに図表を表示する」「ここに入力機能を設置する」などを決めるために使用されます。最低限の知識で開発できるよう努めています

213

が、HTML に馴染みのない方は、インターネットで基礎知識を調べて試してみることをお勧めします。

　なお、よりリッチな UI を作ることができる CSS や JavaScript、TypeScript などは紙面の都合と本書の範囲を越えるため割愛しています。本書ではデータサイエンティストがプロトタイプとして Web アプリケーションを作ることを目的としているため、作成物は極力シンプルになるように意識しています。

　さて、本節で作成する最適化 Web アプリケーションのファイル構成は以下のとおりです。

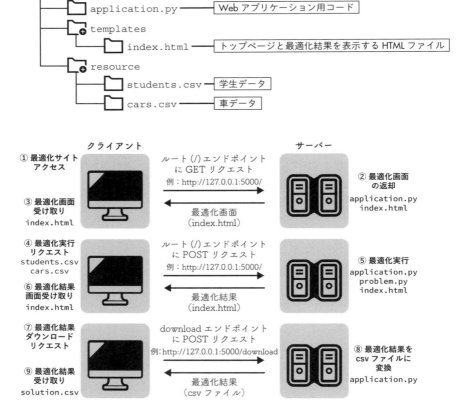

## ❷ UI のデザインを決める

　実際に実装を始める前に、これから作る Web アプリケーションは、どんな見た目でどんな使い方をするのか検討しましょう。

　まずはトップページから始めます。なにをするサイトなのか示すタイトル、データをアップロードするボタン、最適化を実行するボタンが必要になるでしょう。下図がトップページの画面イメージです。

---

# 学生の乗車グループ分け問題

学生データ ［ファイルを選択］ 選択されていません

車データ ［ファイルを選択］ 選択されていません

［最適化を実行］

---

　「ファイルを選択」ボタンを押すとファイルをアップロードできます。下図は、students.csv と cars.csv をアップロードした状態のトップページの画面イメージです。この状態で一番下の「最適化を実行」ボタンを押すと、サーバーで最適化プログラムが実行されて結果画面へと移動します。

---

# 学生の乗車グループ分け問題

学生データ ［ファイルを選択］ students.csv

車データ ［ファイルを選択］ cars.csv

［最適化を実行］

---

　次ページの図は、「最適化を実行する」ボタンを押したあとの画面イメージです。シンプルですが、結果を表示して、かつダウンロードする機能があれば十分でしょう。また、利便性のために、この画面からもファイルのアップロードや最適化の実行ができるようにしましょう。

# 学生の乗車グループ分け問題

学生データ ファイルを選択 選択されていません

車データ ファイルを選択 選択されていません

最適化を実行

# 最適化結果

ダウンロード

| student_id | car_id |
|------------|--------|
| 6 | 0 |
| 7 | 0 |
| 8 | 0 |
| 9 | 0 |
| 4 | 1 |
| 18 | 1 |
| 21 | 1 |
| 23 | 1 |
| 5 | 2 |
| 19 | 2 |
| 20 | 2 |
| 22 | 2 |
| 3 | 3 |
| 10 | 3 |
| 13 | 3 |
| 16 | 3 |
| 0 | 4 |
| 2 | 4 |
| 11 | 4 |
| 17 | 4 |
| 1 | 5 |
| 12 | 5 |
| 14 | 5 |
| 15 | 5 |

### ❸ Flask を使った Web アプリケーションの基礎の学習

それでは、Flask を用いた Web アプリケーションの作成を始めましょう。
API の節と同様、はじめに実装するコードの全体像を述べたのち、それぞれの
要素について解説していきます。

以下に、ブラウザ画面に表示を行う HTML ファイルを扱うための Python
コードの一部（application.py）を記載しています。

```python
from flask import Flask, redirect, render_template, request
from problem import CarGroupProblem


app = Flask(__name__)

@app.route('/', methods=['GET', 'POST'])
def solve():
    # トップページを表示する（GET リクエストがきた場合）
    if request.method == 'GET':
        return render_template('index.html', solution_    ↵
html=None)

    # POST リクエストである「最適化を実行」ボタンが押された場合に実行
    # データがアップロードされているかチェックする。適切でなければ    ↵
もとのページ（トップページ）に戻る
    if not check_request(request):
        return redirect(request.url)

    # 前処理（データ読み込み）
    students_df, cars_df = preprocess(request)
    # 最適化実行
    solution_df = CarGroupProblem(students_df, cars_df)    ↵
.solve()
    # 後処理（最適化結果を HTML に表示できる形式にする）
    solution_html = postprocess(solution_df)
    return render_template('index.html', solution_html    ↵
=solution_html)
```

APIとの大きな変更点は、トップページを取得するためのGETメソッドの追加、リクエスト内容のチェック（`check_request()`関数）、返り値を最適化結果のcsvデータではなく`render_template()`関数に変更した点になります。`render_template()`関数を使うことでHTMLファイルをレンダリングし、ブラウザ上に指定した画面を表示することができるようになります。**レンダリング**とは、HTMLファイルなどに含まれるデータを解釈し、どのように画面表示するのか決める処理のことを指します。

さて、このコードについてAPIとの変更点を上から見ていきましょう。

### (1) トップページを取得・表示し最適化を実行する

デコレータ部分（`@app.route('/', methods=['GET', 'POST'])`）では、リクエストを送るアドレスが/apiから / に変更され、HTTPメソッドにGETが追加されています。これは、Webアプリケーションの利用者が最初に`http://localhost:5000/`にGETリクエストを送ってアクセスし、トップページを取得・表示するためです。

また、POSTを指定しているのは、その画面からファイルをアップロードしPOSTリクエストを再度`http://localhost:5000/`に投げることで最適化を実行するためです。つまり`solve()`関数は、トップページの取得と最適化の実行という2つの役割をもっていることになります。今回は同じルーティング（または関数）でGETとPOSTを受け付けていますが、別々のルーティング（または関数）に分けて対応することも可能です。

### (2) GETリクエストがきたらトップページを表示する

`solve()`関数が呼び出された直後に`if request.method == 'GET'`でリクエストがGETメソッドか否かの判定を行っています。これはWebアプリケーションに初めてアクセスしたとき（GETメソッドでサイトにアクセスしたとき）に通るコードで、`render_template()`でトップページ（index.html）を返しています。

### (3) 適切なデータがアップロードされているかチェックする

`check_request(request)`では、POSTリクエストが来た、つまり「最適化を実行」ボタンが押されたときにデータ内容のチェックを行っています。

check_request(request) は、適切なファイルがリクエストに含まれているかどうかの 2 値（True または False）を返します。API 実装時も考慮すべきですが、ここではファイルをアップロードせずに最適化を実行するリクエストが投げられた場合には、最適化を実行することなくリクエストを投げた時点で表示していたページに戻る処理を行っています（redirect (request.url)）。このような処理を**リダイレクト**と呼びます。リダイレクトとはユーザーがアクセスしようとした URL 以外の URL へ移動させることで、この場合は最適化実行後のページに移動せずもとのページに戻ることを指します。リダイレクトにより、エラーを出さずに再度やり直しを促すことができるようになります[10]。

### (4) 最適化結果を HTML で表示できる形式にする

最適化を実行すると、postprocess() 関数で、最適化結果を表形式として HTML に表示できるよう後処理をしています。render_template() ではトップページの index.html と HTML での表示に対応した最適化結果 solution_html を渡すことで、最適化結果が埋め込まれたページを生成しています。Flask はデフォルトで templates/ フォルダに含まれている HTML ファイルを利用する設定になっているため、フォルダ名を含めずに index.html の指定だけで動作します。

### (5) render_template() 関数

Flask で UI 部分を作るときに肝となるのは、render_template() での HTML ファイルのレンダリング、つまり画面表示のための処理です。このレンダリングについて少し解説しておきます。

render_template() では、HTML ファイルのテンプレート（ひな形）とそれに表示させたいデータを渡すことで、自動で HTML ファイルを成形してくれます。この処理を達成するために、Flask では **Jinja2** というテンプレートエンジンを使用しています。

**テンプレートエンジン**とは、HTML などのテンプレート（ひな形）と入力

---

[10]　実際は、なぜ失敗したのかを表示して利用者にフィードバックできると親切です。Flask には flash() や get_flashed_messages() という関数があり、動作の結果を利用者にメッセージとしてフィードバックできる**フラッシュメッセージ**という機能があります。

データを受け取ることで、そのテンプレートにデータを埋め込んだファイルを生成してくれるソフトウェアのことを指します。たとえば HTML ファイルに {{data}} と記載しておけば、Python から data の中身を渡すと HTML に挿入されるようになります。つまり、Jinja2 を利用することで、毎回変わるリクエストの中身や最適化結果といった Python の変数を表示する HTML ファイルを、動的に生成できるようになります。

1つ例を見てみましょう。

render_template() に引数を渡すと、作成した Jinja2 の HTML テンプレートに変数を渡すことができます。以下では、Python から Web サイトのタイトル（title）と学生の辞書データ（student）を render_template() に渡して、HTML ファイルに当てはめています。

・**Python スクリプト**

```
title = '学生の乗車グループ分け問題を解くサイト'
student = {'name': '田中', 'age': 20 }
render_template('index.html', title=title, student=student)
```

・**Jinja2 テンプレート（index.html）**

```
<p>{{title}}</p>
<div>
 <p>名前:{{student.name}}</p>
 <p>年齢:{{student.age}}歳</p>
</div>
```

・**生成されるブラウザ画面**

**学生の乗車グループ分け問題を解くサイト**
**名前：田中**
**年齢：20 歳**

HTML ファイルでは、render_template() に渡した引数名で指定した変数を利用できます。辞書データは student.name のようにピリオド（.）を用いて属性にアクセスできます。student['name'] でも可能です。

このように Jinja2 では、Python からデータを渡して簡単に表示できます。

if 構文・for 構文・ほかの HTML ファイルのインポートなどもできるので、詳細は Jinja2 のドキュメントを確認してください。

## ❹ 最適化問題を解く Web アプリケーションの作成

前項では、Flask による Web アプリケーションの基礎を解説しました。いよいよトップページと最適化結果を表示する index.html を実装していきましょう。

### （1）ファイルを選択、最適化を実行する

ファイルを選択し、最適化を実行する画面の HTML について解説します。以下は Web アプリケーションの概要を表示するコードです。

```html
<!DOCTYPE html>
<title>学生の乗車グループ分け問題</title>
<h1>学生の乗車グループ分け問題</h1>
```

まず先頭の`<!DOCTYPE html>`でこの文書が HTML であることを宣言します。`<title>`タグで Web アプリケーションのタイトル、`<h1>`タグで画面上に表示するサイトの説明をしています。ここで簡易なデバッグとしてコードを index.html という名前で保存しダブルクリックしてブラウザで開いてください。画面上に文字が表示されることがわかると思います。

### （2）ファイルをアップロード、最適化を実行する

次に、学生と車のデータをアップロードできる機能とサーバーへのリクエストを行う処理を実装します。

```html
<form action="/" method=post enctype=multipart/form-data>
    <p>学生データ<input type=file name=students></p>
    <p>車データ<input type=file name=cars></p>
    <input type=submit value=最適化を実行>
</form>
```

HTML では、フォームタグ`<form>`を使うことで入力フォームを作成できます。`<form>`タグは送信方法を指定できます。

1 行目の`<form action="/" method=post enctype=multipart/form-data>`では、`action="/"`がサーバー上の/エンドポイント（たとえば

221

http://localhost:5000/ など）に対するリクエスト、method=post が POST メソッドで送信することを表しています。

enctype=multipart/form-data を指定することで、アップロードした複数のデータ（<input>タグで指定されたデータ）をリクエストに含めて送っていることを送信先のサーバに伝えられます。multipart/form-data は、このフォームに複数種類のファイルを送信する機能（method=post かつ type=file の input タグ）があるとき指定する必要があります。

<form>タグ内の<input>タグはアップロードしたいデータの選択と送信機能を実装します。<input type=file name=students>の<input>タグでは学生データのファイル（type=file）をアップロードするボタンを作成します。name=students と指定すると students をキー、送信するデータを値としてリクエストを送信できます。Python 側から request.files['students']のようにアクセスできます。車データの<input>タグも同様の記述です。<input>タグを挟んでいる<p>タグは段落を表します。

学生データと車データをアップロードする<input>タグの次にある<input>タグの <input type=submit value=最適化を実行> では、type=submit とすることで、選択したファイルをサーバーに送信するボタンを作成しています。また、value 属性に「最適化を実行」と指定すると、送信ボタン上に「最適化を実行」と表示されるようになります。このタイミングで再度 index.html を開いてみてください。ボタンが設置されていることがわかるかと思います。サーバーを立てているわけではないので、あくまで表示の確認だけができることに注意してください。

## (3) 最適化結果を表示、ダウンロードする

ここまでで、ファイルのアップロードと最適化をリクエストする部分を実装できました。続いて、最適化結果とダウンロードボタンを表示する画面を実装していきましょう。結果の表示よりも上にダウンロードボタンを表示したいので、ダウンロードボタンの実装を先に行っています。

```
{% if solution_html %}
    <h1>最適化結果</h1>
    <!--最適化結果を csv 形式でダウンロード-->
    <form name=download action="/download" method=post  ↵
enctype=multipart/form-data>
```

```
        <input type=hidden name=solution_html value="{{    ↵
solution_html }}" >
        <p><input type=submit value=ダウンロード></p>
    </form>


    <!--最適化結果を表示-->
    {{ solution_html | safe }}
{% endif %}
```

## (4) 最適化結果を csv 形式でダウンロードする

上のコードを細かく見ていきましょう。まず、外側に記載されている{% if solution_html %}…{% endif %}は、Jinja2 の if 構文です。ここでは、Python から最適化結果を HTML 形式に変換した solution_html という変数が渡された場合に最適化結果を表示します。前項で説明した solve()関数の返り値で変数を渡しています（application.py の render_template ('index.html', solution_html=solution_html)の部分)。

それでは、if 構文のなかを見ていきましょう。

```
<h1>最適化結果</h1>
<!--最適化結果を csv 形式でダウンロード-->
<form name=download action="/download" method=post
enctype=multipart/form-data>
    <input type=hidden name=solution_html value="{{
solution_html }}">
    <p><input type=submit value=ダウンロード></p>
</form>
```

<h1>タグの「最適化結果」は、画面上に表示される見出しです。最適化結果を表示していることを示す文字列を挿入しています。

その後ろには、さきほどと同様、データのアップロードと送信を行うための<form>タグがあります。この<form>タグは最適化結果をダウンロードするために使用しています。ここでは画面上に表示する必要のないデータをサーバーに送信するための隠しデータという機能を使って、サーバーに HTML 形式の結果 solution_html を送信し、サーバーで csv 形式のデータに整形したものを受け取りダウンロードします。ダウンロード時もアップロード時と同じ<form>形式で記述しているので注意が必要ですが、実際に行っていることはどちらもデータの送信と受信です。

<form>タグの次にある<input type=hidden name=solution_html value="{{ solution_html }}">では、type属性で隠しデータ（hidden）を指定しています。隠しデータに指定すると、value属性で指定した最適化結果のsolution_htmlを、ブラウザ上に表示することなくデータをサーバーに送信することができます（つまり、すでにファイルがブラウザにアップロードされている状態）。ダウンロードボタン（<input type=submit value=ダウンロード>）が押されたタイミングで、/downloadエンドポイントに対して隠しデータである最適化結果をmultipart/form-dataでエンコードしてPOSTメソッドでリクエストを送っています。/downloadはサーバー上に実装されているHTMLの表形式のデータからcsv形式にデータを整形するAPIです（後述）。

## （5）最適化結果を表示する

最後に、最適化結果を表示するブロック{{ solution_html | safe }}があります。ここでPythonから渡されたHTML形式の最適化結果（表形式）を表示します。

{{…}}はJinja2の構文で、Pythonから渡された変数を表示することができます。Jinja2では、渡された変数が生成されるHTMLの構造に影響を及ぼさないように、デフォルトで自動的にエスケーピングする機能が作用します。エスケーピングされると、HTMLタグがあったとしても文字列として認識され、そのまま表示されます。このデフォルトのエスケーピングは、| safeというsafeフィルタを変数の直後に付けることで回避できます。今回はHTML形式の表データをそのままHTMLとして表示してほしいため、エスケーピングを無視するようにしています。

ここまで実装したindex.htmlをまとめてみましょう。Windowsユーザーの方はHTMLファイルの文字コードをUTF-8で保存してください。

```
<! DOCTYPE html>
<!--1. ファイルを選択、最適化を実行-->
<title>学生の乗車グループ分け問題</title>
<h1>学生の乗車グループ分け問題</h1>
<form action="/" method=post enctype=multipart/form-data>
    <p>学生データ<input type=file name=students></p>
    <p>車データ<input type=file name=cars></p>
```

```
        <input type=submit value=最適化を実行>
</form>

<!--2. 最適化結果をダウンロード、最適化結果を表示-->
{% if solution_html%}
    <h1>最適化結果</h1>
    <!--最適化結果を csv 形式でダウンロード-->
    <form name=download action="/download" method=post ↵
enctype=multipart/form-data>
        <input type=hidden name=solution_html value="{{ ↵
solution_html }}">
        <p><input type=submit value=ダウンロード></p>
    </form>

    <!--最適化結果を表示-->
    {{ solution_html | safe }}
{% endif %}
```

これで index.html は完成です。続けて、作成した index.html と Flask による Web アプリケーションのコードを結び付けるための関数を、application.py に実装していきます。

### (6) リクエストに学生データと車データが含まれているか確認する

```
def check_request(request):
    """リクエストに学生データと車データが含まれているか確認する関数"""
    # 各ファイルを取得する
    students = request.files['students']
    cars = request.files['cars']

    # ファイルが選択されているか確認
    if students.filename == '':
        # 学生データが選ばれていません
        return False
    if cars.filename == '':
        # 車データが選ばれていません
        return False


    return True
```

`check_request()` は、リクエストに学生データと車データが含まれているか確認する関数です。どちらかのファイルが選択されていない場合は `False` を返すことで、リクエストを投げたもとのページにリダイレクトします。

**(7) リクエストデータを受け取りデータフレームに変換する**

```python
def preprocess(request):
    """リクエストデータを受け取り、データフレームに変換する関数"""
    # 各ファイルを取得する
    students = request.files['students']
    cars = request.files['cars']
    # pandas で読み込む
    students_df = pd.read_csv(students)
    cars_df = pd.read_csv(cars)

    return students_df, cars_df
```

`preprocess()` は、データの前処理を実行する関数で、リクエストデータを受け取ってデータフレームに変換します。これは API 実装時と同じ関数です。

**(8) 最適化結果を HTML 形式に変換する**

```python
def postprocess(solution_df):
    """最適化結果を HTML 形式に変換する関数"""
    solution_html=solution_df.to_html(header=True, in ⮐
dex=False)
    return solution_html
```

`postprocess()` は、Web ブラウザに表示するために最適化結果を `to_html` メソッドで HTML 形式に変換しています。`header=True` は各列のラベル（`student_id, car_id`）を表示する、`index=False` は行番号を表示しないという引数設定です。

**(9) 最適化の実行と結果の表示を行う関数**

```python
@app.route('/', methods=['GET', 'POST'])
```

```
def solve():
    """最適化の実行と結果の表示を行う関数"""
    # トップページを表示する（GET リクエストがきた場合）
    if request.method == 'GET':
        return render_template('index.html', solution_ ↵
html=None)


    # POST リクエストである「最適化を実行」ボタンが押された場合に実行
    # 適切なデータがアップロードされているかチェックし、適切でなけ ↵
ればトップページ（元のページ）に戻る
    if not check_request(request):
        return redirect(request.url)


    # 前処理（データ読み込み）
    students_df, cars_df = preprocess(request)
    # 最適化実行
    solution_df = CarGroupProblem(students_df, cars_df) ↵
.solve()
    # 後処理（最適化結果を HTML に表示できる形式にする）
    solution_html = postprocess(solution_df)
    return render_template('index.html', solution_html ↵
=solution_html)
```

solve() は、最適化の実行と結果の表示を行うメインの関数です。一番後
ろの return では、HTML 形式に後処理した最適化結果を index.html と一
緒に render_template() 関数に渡すことで、最適化結果の表を表示する
HTML ファイルを生成しています。

### （10）リクエストに含まれる HTML の表形式データを csv 形式に変換してダ
ウンロードする関数

```
@app.route('/download', methods=['POST'])
def download():
    """リクエストに含まれる HTML の表形式データを csv 形式に変換し ↵
てダウンロードする関数"""
    solution_html = request.form.get('solution_html')
    solution_df = pd.read_html(solution_html)[0]
    solution_csv = solution_df.to_csv(index=False)
```

```
    response = make_response()
    response.data = solution_csv
    response.headers['Content-Type'] = 'text/csv'
    response.headers['Content-Disposition'] =
    'attachment; filename=solution.csv'
    return response
```

　download()は、HTML 形式の最適化結果をリクエストで受け取り、csv 形式に変換[†11]してダウンロード（return で返却）する機能です。index.html を解説したときに触れた/download エンドポイントに対して、HTML 形式の表データ（solution_html）が POST リクエストで送信されたときに実行されます。リクエストから solution_html を取得し、HTML データを pd.DataFrame として読み込み、csv に変換しています。

　なお、本章ではデータ処理に一貫して pandas を利用しています。pandas はシンプルながらもデータの取り扱いを容易にし、さまざまな変換を施せて便利なためです。しかし実運用への移行時や速度が不十分な状況に直面した際、pandas を使用しない実装方法への移行や、他ライブラリの検討は重要になってくるでしょう。pandas の処理を list や dict で置き換えたり、データ管理を NumPy に置き換えるだけでも、数倍〜数十倍の速度改善やメモリ消費量削減ができることも珍しくありません。

　さて、HTML ファイルで送信した<form>タグのデータへのアクセスは、リクエスト request の form 属性から行えます。csv ファイルをダウンロードするための返り値として、API の実装と同様に、make_response()関数でレスポンスオブジェクトを作成しています。API の実装と異なるのは、HTTP レスポンスのヘッダー情報（リクエストやレスポンスの追加情報）である'Content-Disposition' を追加している点です。'attachment' は返却するデータを Web ブラウザで表示するのではなく、リクエストもとの環境にダウンロードして保存することを指定するヘッダーです。ダウンロードされる csv ファイルの名前を solution.csv に指定したい場合、'attachment; filename=solution.csv' のように attachment の後ろにセミコロン(;)で区切って「filename=ファイル名」を記述します。

--------------------------------------------------------------------

[†11]　本章では、HTML 形式のデータを csv 形式にサーバー上で変換しています。csv 以外のファイル変換を行う場合も、同様の手順で実行することができるでしょう。

それでは、ここまで実装した application.py をまとめてみましょう。

```python
"""最適化を解く Web アプリケーション"""

from flask import Flask, make_response, redirect,
render_template, request
import pandas as pd
from problem import CarGroupProblem


app = Flask(__name__)

def check_request(request):
    """リクエストに学生データと車データが含まれているか確認する関
数"""
    # 各ファイルを取得する
    students = request.files['students']
    cars = request.files['cars']

    # ファイルが選択されているか確認
    if students.filename == '':
        # 学生データが選ばれていません
        return False
    if cars.filename == '':
        # 車データが選ばれていません
        return False

    return True

def preprocess(request):
    """リクエストデータを受け取り、データフレームに変換する関数"""
    # 各ファイルを取得する
    students = request.files['students']
    cars = request.files['cars']
    # pandas で読み込む
    students_df = pd.read_csv(students)
    cars_df = pd.read_csv(cars)
```

```python
    return students_df, cars_df


def postprocess(solution_df):
    """最適化結果を HTML 形式に変換する関数"""
    solution_html = solution_df.to_html(header=True,
    index=False)
    return solution_html


@app.route('/', methods=['GET', 'POST'])
def solve():
    """最適化の実行と結果の表示を行う関数"""
    # トップページを表示する（GET リクエストがきた場合）
    if request.method == 'GET':
        return render_template('index.html', solution_ ↵
html=None)

    # POST リクエストである「最適化を実行」ボタンが押された場合に実行
    # データがアップロードされているかチェックし、適切でなければ ↵
トップページに戻る
    if not check_request(request):
        return redirect(request.url)

    # 前処理（データ読み込み）
    students_df, cars_df = preprocess(request)
    # 最適化実行
    solution_df = CarGroupProblem(students_df, cars_df) ↵
.solve()
    # 後処理（最適化結果を HTML に表示できる形式にする）
    solution_html = postprocess(solution_df)
    return render_template('index.html', solution_ ↵
html=solution_html)


@app.route('/download', methods=['POST'])
def download():
    """リクエストに含まれる HTML の表形式データを csv 形式に変換し ↵
てダウンロードする関数"""
    solution_html = request.form.get('solution_html')
    solution_df = pd.read_html(solution_html)[0]
    solution_csv = solution_df.to_csv(index=False)
```

```
response = make_response()
response.data = solution_csv
response.headers['Content-Type'] = 'text/csv'
response.headers['Content-Disposition'] =
'attachment;filename=solution.csv'
return response
```

## ❺ Web アプリケーションを起動する

さあ、これですべてのコードが揃いました。さっそく Web アプリケーションを起動してみましょう！

API 利用時と同様に、以下のコマンドで自動で Web アプリケーションを動かすための Web サーバーが立ち上がります。

```
# ターミナル(MacOS、Linux) の場合
$ export FLASK_ENV=development
$ export FLASK_APP=application:app
$ flask run
```

```
# コマンドプロンプト(Windows)の場合
> set FLASK_ENV=development
> set FLASK_APP=application:app
> flask run
```

```
# Powershell(Windows)の場合
> $env:FLASK_ENV=development
> $env:FLASK_APP=application:app
> flask run
```

このコマンドを実行したあと、Web ブラウザで http://127.0.0.1:5000/ または http://localhost:5000/ にアクセスし、次のような画面が出力されていたら起動成功です。

# 学生の乗車グループ分け問題

学生データ ファイルを選択 選択されていません

車データ ファイルを選択 選択されていません

最適化を実行

さっそく、resource/フォルダにある学生データ（students.csv）と車データ（cars.csv）を選択してみましょう。

# 学生の乗車グループ分け問題

学生データ ファイルを選択 students.csv

車データ ファイルを選択 cars.csv

最適化を実行

ファイルをアップロードしたら「最適化を実行」ボタンを押してください。すると、以下のような画面になっているはずです。

# 学生の乗車グループ分け問題

学生データ [ファイルを選択] 選択されていません

車データ [ファイルを選択] 選択されていません

[最適化を実行]

# 最適化結果

[ダウンロード]

| student_id | car_id |
|---|---|
| 6 | 0 |
| 7 | 0 |
| 8 | 0 |
| 9 | 0 |
| 4 | 1 |
| 18 | 1 |
| 21 | 1 |
| 23 | 1 |
| 5 | 2 |
| 19 | 2 |
| 20 | 2 |
| 22 | 2 |
| 3 | 3 |
| 10 | 3 |
| 13 | 3 |
| 16 | 3 |
| 0 | 4 |
| 2 | 4 |
| 11 | 4 |
| 17 | 4 |
| 1 | 5 |
| 12 | 5 |
| 14 | 5 |
| 15 | 5 |

最適化の結果や、ダウンロードボタンが機能しているかを確認してみてください。うまく動作しない場合は、コードミスがないか、アップロードするデータに間違いがないか（学生と車データが逆ではないですか？）など確認してください。デバッグモードで Flask を起動しているので、起動コマンドを実行したターミナル上にリクエストの詳細やエラー内容が表示されているはずです。

　ファイルをアップロードして、最適化結果を表示することができましたか？うまく動作したなら、これで数理最適化問題を解く Web アプリケーションの開発は終了です。おつかれさまでした。

# 6.5　第6章のまとめ

　本章では、数理モデルの実務での活用範囲の拡大を目的として、学生の乗車グループ分け問題を例に、数理モデルの検討から実装、そして API と Web アプリケーションの実装について解説してきました。データサイエンスのスキルとは一見結びつきにくい分野ですが、データサイエンスをさらに世のなかで活用していくためには、今回解説した API や Web アプリケーション周辺の知識は必要な領域の1つになりつつあります。

　数理最適化の API や Web アプリケーションを開発することで、データサイエンティスト以外の実務家は、数理最適化の恩恵をより享受しやすくなるでしょう。数理モデルを気軽に利用できる環境が整うと、チームや組織のなかで数理最適化への理解が深まると同時に、今まで気づいていなかったモデルの課題が見つかることもあります。

　今回開発した API と Web アプリケーションはほんの一例ですが、なるべく最小限の知識で基礎をカバーすることを重視して解説してきました。API のエンドポイントやリクエスト・レスポンスの形式を変更したり、最適化部分をほかの処理に置き換えることで、さまざまな問題に転用できます。今回はローカル環境での開発に閉じていましたが、興味のある読者はクラウドサービスなどを活用して自分で開発した数理最適化アプリケーションを世の中に公開してみるのも面白いでしょう。本章で紹介したコードを参考に、ぜひ業務や研究のなかで活用してみてはいかがでしょうか。

# 商品推薦のための興味のスコアリング

## 7.1 導入

本章では、**商品推薦**におけるユーザーの商品への興味をモデリングします。

　読者の皆さんは EC モールと呼ばれる Amazon や楽天市場、Yahoo!ショッピングなどを利用したことはないでしょうか。EC モールとは、特定の領域に特化せずさまざまな商品を購入することができる、いわゆるネット通販サイトです。さきほど挙げた 3 つのほかにも、不動産賃貸ポータルサイトのHOME'S、宿泊施設予約サイトのじゃらん、グルメサービスの食べログなどのEC サイトがあります。

　たとえば、Amazon の Web サイトを思い浮かべてください。ユーザーはAmazon のトップページにアクセスして、サイトの階層に従って商品を探したり、検索によって商品を探したりします。気になる商品があれば商品ページを閲覧し、欲しければその商品を購入します。

サービス運営側は、この一連のユーザー行動をログとして収集し、ユーザーの役に立つ情報を提供できるように日々サービスの改善に取り組んでいます。

　とくに、商品推薦の仕組みでは商品の閲覧情報や購入情報を活用することで「この商品を見たユーザーは次の商品にも興味があるだろう」とか「この商品を購入したユーザーは次の商品も必要になるだろう」と、あたかも実際の店舗に訪れているときの接客のようにさまざまな気遣いをしてくれます。商品推薦はユーザーと商品のマッチングと捉えることもでき、ユーザーが 100 万人、商品が 100 万点あれば 1 兆通りのマッチングが存在するエキサイティングな問題です。

　ユーザーが知らない商品を推薦することで素敵な出逢いを演出することができますが、ここではユーザーが過去に閲覧した商品（知っている商品）のなかでどの商品に興味があるかを定量化する数理モデルを紹介します。ユーザーがどの商品に興味をもっているかを定量化できれば、ユーザーが知らない商品を推薦する場合にも応用することができます。

　さて、ユーザーが過去に閲覧した商品のなかでどの商品に興味があるのか考えてみましょう。多くのシーンで、次の **Recency** と **Frequency** の 2 つの特性をもつことが知られています。

・**Recency に関する単調性**：ユーザーは最近閲覧した商品ほど興味がある
・**Frequency に関する単調性**：ユーザーは何度も閲覧した商品ほど興味がある

　本章では、Recency と Frequency に注目した数理最適化モデルを、具体的なデータを利用して構築します。対象とするサービスは、EC モールの Tmall です。今回は、Tmall のアクセスログを二次加工したデータ[†1]を利用します。本データは、いつ、誰が、どの商品を見たかが記録されているシンプルな構造のデータで、以下では **閲覧履歴** と呼びます。

　本書では商品推薦の文脈で Recency と Frequency の性質を満たす数理モデルを紹介します。しかしより一般的には、機械学習モデルの構築において、制約つきで学習するというアイデアを用いています。機械学習モデルの構築において事前知識がある場合、構造を入れて学習することで少ないデータでより現

---

[†1] 匿名化されたデータセットの利用についてアリババ株式会社から許諾を得ています。なお、本データは本書用に加工した二次データであり、データの信頼性をアリババ社が保証するものではありません。

象に近いモデルを構築することができます。

　それでは、ユーザーの興味を数理モデルに表現していきましょう。

# 7.2　課題整理

　本節では、EC モールの Tmall（https://www.tmall.com/）の閲覧履歴を利用して、ユーザーの興味をモデリングする方法を紹介します。はじめに、背景知識として EC と商品推薦の用語解説を行います。商品推薦のニーズについて理解を深めましょう。

## ❶ 用語の解説

### （1）EC

　**EC** とは、**e コマース**（electronic commerce）の略称であり、**電子商取引**を指します。電子商取引とは、コンピュータネットワーク上での電子的な情報通信によって商品やサービスを売買する行為であり、消費者側からはネットショッピングと呼ばれることもあります。複数ドメインの商品を取り扱う巨大サイトの場合は EC モール、単一ドメインの商品を取り扱う比較的小さなサイトの場合は EC サイトと呼ばれる傾向にあります。

　　・**国内 EC モールの例**
　　　Amazon、楽天市場、Yahoo!ショッピング、ヤフオク！
　　・**国内 EC サイトの例**
　　　不動産ドメイン：HOME′s、SUUMO、アットホーム、Yahoo!不動産
　　　旅行ドメイン：じゃらん、楽天トラベル、エクスペディア
　　　飲食店ドメイン：食べログ、ホットペッパー、ぐるなび、Retty

　とくに Amazon、楽天市場、Yahoo!ショッピング、ヤフオク！は、日本国内において数億点の商品が掲載され、数千万人のユーザーがサイトを利用し、その年間流通額は 1 兆円を超えると言われています。一方、本章で扱う Tmall は、アリババグループが運営する中国最大の EC モールで、2021 年には流通額は約 140 兆円に達し、毎月 10 億人のユーザーが利用していると言われています。

## (2) 商品推薦

**商品推薦**は、特定のユーザーが興味をもつと思われる商品を提示するタスクで、一般に**レコメンド**（リコメンド）とも呼ばれます。本書を手にとった読者のなかには商品推薦のアルゴリズムに詳しい人もいると想像しますが、実務においてアルゴリズムを中心に商品推薦のロジックを考えてはいけません。商品推薦は、ユーザー体験を起点に、どのようなユーザーがどのタイミングでどんなニーズがあるのか？　を考えることが重要です。

たとえばユーザー観点で考えると、男性に女性向けの商品を推薦するのは多くの場合避けたほうがよさそうですし、ユーザーの閲覧履歴をヒントにすれば掘り出し物を推薦してあげることもできそうです。一方でタイミング観点で考える際には、閲覧しているページやユーザーのアクションと紐付けてユーザーのニーズを特定できる場合があります。具体的には、ユーザーが商品詳細ページを閲覧していれば当該商品に興味があるので、関連商品の推薦はユーザーの比較検討を助けます。ユーザーが購入を決めるアクションの直後であれば、購入商品に付属して必要になる商品を推薦してあげることもユーザーにとってメリットがあります。

ユーザーの購買行動に合わせて商品推薦をする場合、たとえば次のようなケースが考えられます。

- **ユーザーが商品を探しているとき**

  - ・人気商品を推薦する
  - ・性別や年代に合わせて人気商品を推薦する
  - ・有名人やインフルエンサーを利用して商品を推薦する

昨日、一番売れた商品です！

30代男性にはこちらの商品が人気です！

女優の○○さんが利用している商品です！

- **ユーザーが商品の比較をしているとき**

  - ・その商品と似ている商品を推薦する
  - ・その商品と同時に購入されている商品を推薦する

同じようなスペックの商品です！

この商品を購入した人はこちらの商品も購入しています！

・ユーザーが商品の購入を決めたとき

・その商品を利用するのに必要な商品を推薦する

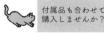

付属品も合わせて購入しませんか？

・その商品のシリーズものを推薦する

次の巻はこちらです！

　上記のようにさまざまな商品推薦の考え方がありますが、一貫して重要なことは「ユーザーがなにに興味があるのか」を知ることです。本章では、さまざまな商品推薦に応用することを想定して、ユーザーが過去に閲覧した商品のなかでなにに興味があるかを定量的に推定する方法を解説します。ユーザーが過去に閲覧した商品のなかでなにに興味があるかを理解できれば、そのなかから未購入の商品を推薦するシンプルな商品推薦を実装することもできます。

## ❷　課題整理

　本項では、EC モールにおける商品推薦を想定して、ユーザーがなにに興味があるかに注目します。ユーザーの興味といっても、漠然としたイメージから商品カテゴリ、具体的な商品に至るまで、さまざまな粒度の興味が考えられます。ここでは、過去に閲覧した商品のなかでどの商品に興味があるかを定量的に推定します。

　具体的に、ユーザーの閲覧履歴からどの商品に興味があるかを考えてみましょう。次の表は、あるユーザーの 8 月 1 日～8 月 3 日までの閲覧履歴をテーブル形式で表現したものです。当該ユーザーは item1～item4 を閲覧しており、pv（page view）はその商品を何回閲覧したかを表しています。

| day | 8/1 | 8/2 | 8/3 |
| --- | --- | --- | --- |
| item1 | 1pv | 3pv | 2pv |
| item2 | ― | 2pv | ― |
| item3 | ― | ― | 2pv |
| item4 | ― | ― | 1pv |

item1 は 8 月 1 日に 1 回閲覧し、8 月 2 日に 3 回閲覧し、8 月 3 日に 2 回閲覧していることを表しています。

　さて、このユーザーが 8 月 4 日に item1〜item4 の商品に対してどのくらいの興味があるかを定量化するのが本章で取り組む問題です。この情報だけでユーザーの興味を定量化することは難しいですが、ユーザーがどの順番で item1〜item4 の商品に興味があるかを想像することができます。具体的には、導入で述べた Recency と Frequency の以下の仮定

- **Recency に関する単調性**：ユーザーは最近閲覧した商品ほど興味がある
- **Frequency に関する単調性**：ユーザーは何度も閲覧した商品ほど興味がある

をすることで、次の推論をすることができます。

- item1 は 3 日間で 6 回閲覧しており、商品のなかで最も興味があるのではないか
- item2 と item3 を比較すると、ともに 2 回閲覧しているが、item3 のほうが最近閲覧しているので item3 のほうが興味があるのではないか
- item3 と item4 を比較すると、ともに 8 月 3 日に閲覧しているが、item3 のほうが多く閲覧しているので item3 のほうが興味があるのではないか
- item2 と item4 を比較すると、item2 は 2 日前に 2 回閲覧しており、item4 は 1 日前に 1 回閲覧しているので、閲覧回数が多い商品と最近閲覧した商品のどちらに興味があるか判別できない

　この問題の難しさは、4 つめの問いにあります。本章で解説する数理モデルを解くことで、4 つめの問題を解決することができます。

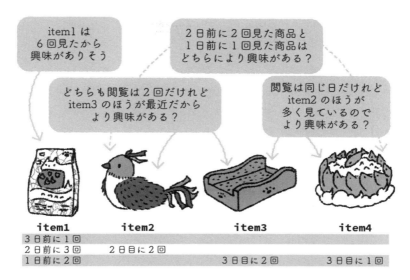

| item1 | item2 | item3 | item4 |
|---|---|---|---|
| 3 日前に 1 回 | | | |
| 2 日前に 3 回 | 2 日目に 2 回 | | |
| 1 日前に 2 回 | | 3 日目に 2 回 | 3 日目に 1 回 |

　さて、ユーザーの商品に対する興味はどのように数理モデリングするのがよいのでしょうか。ユーザーの商品への興味は、商品をもう一度閲覧するかどうかに現れます。この性質を利用することで、ユーザーの商品への興味を商品の再閲覧確率で定量化することができます。上記で説明した閲覧履歴の例では、8 月 4 日に item1〜item4 を再閲覧する確率をユーザーの商品への興味とみなすということです。

　本書では扱うデータの都合上、再閲覧確率をユーザーの商品への興味とみなしますが、商品の購入データをもっている場合には、商品の購入確率をユーザーの商品への興味とみなすこともできます。以上をふまえて、本章で取り扱う問題のインプットとアウトプットは次のようになります。

- ・**インプット**：ユーザーの商品の閲覧履歴
- ・**アウトプット**：ユーザーの商品の再閲覧確率

## 7.3　データ分析

　本節では、閲覧履歴を分析することで、次のデータの特性が成り立つことを確認します。

・**Recency に関する単調性**：ユーザーは最近閲覧した商品ほど興味がある

・**Frequency に関する単調性**：ユーザーは何度も閲覧した商品ほど興味がある

　Recency の性質は、ユーザーが最近閲覧した商品ほど再び閲覧する、と言い換えることができ、Frequency の性質は、ユーザーが何度も閲覧した商品ほど再び閲覧する、と言い換えることができます。本節から Python コードを実行していくので、実行環境と利用するデータの説明から始めます。

## ❶ 実行環境

本章のコードを実行するためには、次の Python ライブラリが必要です。

・pandas
・CVXOPT
・NumPy
・matplotlib

　ここで、**CVXOPT** は数理最適化ソルバーであり、本章で登場する二次計画問題を解くことができます。あらかじめライブラリをインストールしておいても、読み進めながら必要なタイミングでインストールしても問題ありません。

　また、本章で利用するデータとソースコード一式はダウンロードしたフォルダ PyOptBook の 7.recommendation 以下に置いてあります。フォルダ構成は次のようになっています。

　ここまでの章と同じように、読者の皆さんは任意の作業フォルダで実行することができます。作業フォルダが決まったら、フォルダごとコピーしてください。

## ❷ データの概要

続いて、データを確認します。統計値を通してデータを理解しましょう。

では、Jupyter を立ち上げて以下のコードを実行していきましょう。作業フォルダは PyOptBook 以下の 7.recommendation として、任意のファイル名で Jupyter のファイルを作成してください。

まずは pandas を利用してデータを取得します。入力データのパスに注意して閲覧履歴を読み込んでください。

```python
import pandas as pd

log_df = pd.read_csv('access_log.csv', parse_dates=['date'])
print(len(log_df))
log_df.head()
```

325908

|   | user_id | item_id | date |
|---|---------|---------|------|
| 0 | 4 | 205587 | 2015-07-04 |
| 1 | 4 | 748683 | 2015-07-04 |
| 2 | 4 | 790055 | 2015-07-04 |
| 3 | 4 | 790055 | 2015-07-04 |
| 4 | 4 | 764638 | 2015-07-04 |

date カラムが日付型となっているため、pd.read_csv 関数の引数に parse_dates=['date'] を指定していることに注意してください。閲覧履歴データは 325,908 件あります。1 行目のレコードから、ユーザー ID（user_id）が 4 のユーザーが商品 ID（item_id）が 205587 の商品を 2015 年 7 月 4 日に閲覧したことがわかります。

カラム名とデータの名称、およびデータの説明を次の表に整理したので確認してください。

| カラム名 | 名称 | 説明 |
|---|---|---|
| user_id | ユーザー ID | ユーザーのユニーク ID で、正の整数値をとる |
| item_id | 商品 ID | 商品のユニーク ID で、正の整数値をとる |
| date | 閲覧日 | ユーザーが商品を閲覧した日付。yyyy-mm-dd の形式をとる |

　では、各カラムの統計量を確認していきます。まず、ユーザーが期間内でどのくらいの商品を閲覧しているのかを知るためにユーザーの商品の閲覧数の分布を確認します。ユーザー ID（user_id）を value_counts() メソッドでカウントすることで閲覧数の分布がわかるので、その要約統計量を describe() メソッドで見てみましょう。

```
log_df['user_id'].value_counts().describe()
```

```
count    31443.000000
mean        10.365042
std         16.023399
min          2.000000
25%          3.000000
50%          5.000000
75%         11.000000
max        632.000000
Name: user_id, dtype: float64
```

　count の値から、31,443 人のユニークユーザーがいることがわかります。注目すべき統計量として、mean の値から 1 ユーザーあたりの商品閲覧数は平均値が 10.4 回であること、50% の値から商品閲覧数の中央値が 5 回であることがわかります。また、最大で 632 回商品を閲覧しているヘビーユーザーもいるため、平均値と中央値に大きなずれが生じていることがわかります。

　次に、商品が期間内でどのくらいのユーザーに閲覧されているかを知るために、商品を閲覧したユーザー数の分布を確認します。商品 ID（item_id）を value_counts() メソッドでカウントすると閲覧したユーザー数の分布がわかるので、その要約統計量を describe() メソッドで見てみましょう。

```
log_df['item_id'].value_counts().describe()
```

```
count    87611.000000
mean         3.719944
std          8.802572
min          1.000000
25%          1.000000
50%          2.000000
75%          3.000000
max        941.000000
Name: item_id, dtype: float64
```

count の値から、87,611 個の商品があることがわかります。注目すべき統計量として、mean の値から 1 商品あたりの閲覧数は平均値が 3.7 回であること、50% の値から 1 商品あたりの閲覧数は中央値が 2 回であることがわかります。また、最大で 941 回の閲覧がされている人気商品もあります。

最後に、閲覧履歴の期間とその商品閲覧数のばらつきを確認するために閲覧日（date）について value_counts() メソッドでカウントしてみましょう。

```
log_df['date'].value_counts()
```

```
2015-07-03    45441
2015-07-02    45394
2015-07-01    44163
2015-07-04    43804
2015-07-08    39933
2015-07-05    39932
2015-07-07    33930
2015-07-06    33311
Name: date, dtype: int64
```

2015 年の 7 月 1 日から 7 月 8 日までの 8 日間のデータです。1 日に 3 万～ 5 万件の閲覧があるようです。

さて、データの確認はひととおり終えましたが、改めてデータの概要を復習しておきましょう。本章で取り扱うデータは EC モールの Tmall の閲覧履歴であり、2015 年の 7 月 1 日から 7 月 8 日までの 8 日間のデータです。ユーザー数は約 3 万人、期間内に閲覧された商品数は約 9 万点あり、ユーザーはおお

よそ 5 回商品を閲覧し、商品はおおよそ 2 回閲覧されているようです。

　実務において取り扱うデータの全体感を把握しておくことは重要で、データのオーダーだけでも把握しておくことで多くのミスを回避することができます。また、本項では省略しましたが、平均値と中央値が大きく異なるデータはヒストグラムを描画して確認しておくとよいでしょう。ヒストグラムの描画については、第 3 章を確認してください。

### ❸ データの性質

　続いて、取り扱うデータに次の仮定が成り立つか確認します。

　・**Recency に関する単調性**：ユーザーは最近閲覧した商品ほど興味がある
　・**Frequency に関する単調性**：ユーザーは何度も閲覧した商品ほど興味がある

　具体的には、ユーザーの商品への再閲覧確率を求めるために、2015 年 7 月 1 日から 7 月 7 日までの閲覧履歴をもとに 7 月 8 日に再閲覧する確率を集計して求めます。ここで、再閲覧を判定する 7 月 8 日のことを基準日と呼ぶことにします。この集計をするために新しく `freq`、`rcen`、`pv_flag` のカラムをもつ次のデータ `tar_df` を作成します。

　・`user_id`：ユーザー ID
　・`item_id`：商品 ID
　・`freq`：頻度。ユーザーが商品を閲覧した総数
　・`rcen`：最新度。ユーザーが最後に商品を見た日から基準日までの経過
　　　　　　日数
　・`pv_flag`：再閲覧フラグ。ユーザーが当該商品を基準日に閲覧して
　　　　　　　　いれば 1、閲覧していなければ 0 をとるフラグ

　具体的な実装に入る前に、集計方法を説明します。7.2 節の②「課題整理」で挙げた 8 月 1 日～8 月 3 日の閲覧履歴の表に、基準日である 8 月 4 日の閲覧履歴も加えた次の表について考えます。

| day | 8/1 | 8/2 | 8/3 | 8/4 |
|---|---|---|---|---|
| item1 | 1pv | 3pv | 2pv | **1pv** |
| item2 | — | 2pv | — | — |
| item3 | — | — | 2pv | **1pv** |
| item4 | — | — | 1pv | — |

　8月1日から8月3日までの閲覧履歴を用いて、商品 ID（item_id）の頻度（freq）と最新度（rcen）を算出し、8月4日に再閲覧したかどうかについて再閲覧フラグ（pv_flag）を付与します。具体的には、商品 ID が item1 の商品は、頻度（freq）が6、最新度（rcen）を最終閲覧日の8月3日から基準日の8月4日までの経過日数として1、実際に8月4日に再閲覧したので再閲覧フラグ（pv_flag）を1とします。一方、商品 ID が item2 の商品は、頻度（freq）が2、最新度（rcen）を最終閲覧日の8月2日から基準日の8月4日までの経過日数として2、実際に8月4日に再閲覧していないので再閲覧フラグ（pv_flag）を0とします。同様に、商品 ID が item3 の商品は、頻度（freq）が3、最新度（rcen）が1、再閲覧フラグ（pv_flag）を1とし、商品 ID が item4 の商品は、頻度（freq）が1、最新度（rcen）が1、再閲覧フラグ（pv_flag）を0とします。

　ここで、最新度は経過日数として定義しているので、値が小さくなるほど新しくなることに注意してください。本書では実装の手間を考慮して最新度を経過日数として実装します。

　さて、具体的に実装していきます。2015年7月1日から7月7日までの閲覧履歴のデータと7月8日に閲覧された商品のデータを分離します。日付に関する操作をするので、datetime モジュールをインポートして処理します。

```
import datetime
start_date = datetime.datetime(2015,7,1)
end_date = datetime.datetime(2015,7,7)
target_date = datetime.datetime(2015,7,8)
```

　2015年7月1日から7月7日までの閲覧履歴のデータ x_df は、次の処理で抽出することができます。

```
x_df = log_df[(start_date <= log_df['date']) & (log_df ↵
['date'] <= end_date)]
print(len(x_df))
x_df.head(3)
```

285975

|   | user_id | item_id | date |
|---|---------|---------|------|
| 0 | 4 | 205587 | 2015-07-04 |
| 1 | 4 | 748683 | 2015-07-04 |
| 2 | 4 | 790055 | 2015-07-04 |

　285,975件のデータが抽出できました。一方、7月8日の閲覧履歴 y_df は
次の処理で抽出することができます。

```
y_df = log_df[log_df['date'] == target_date]
print(len(y_df))
y_df.head()
```

39933

|     | user_id | item_id | date |
|-----|---------|---------|------|
| 103 | 94 | 603852 | 2015-07-08 |
| 104 | 94 | 28600 | 2015-07-08 |
| 105 | 94 | 987320 | 2015-07-08 |
| 106 | 94 | 109924 | 2015-07-08 |
| 107 | 94 | 886214 | 2015-07-08 |

　39,933件のデータが抽出できました。閲覧履歴データ x_df からユーザー
が閲覧した商品に対して、freq と rcen を算出してみましょう。
　まず、それぞれのレコードに対して rcen の値を計算しておきます。次の

コードを実行してください。U2I2Rcens はユーザー ID を 1 つめのキー、商品 ID を 2 つめのキーとして rcen のリストを値とする辞書の入れ子です。

```
U2I2Rcens = {}
for row in x_df.itertuples():
    # 最新度（経過日数）の算出:基準日 - 最終閲覧日
    rcen = (target_date - row.date).days

    # 辞書に最新度を登録
    U2I2Rcens.setdefault(row.user_id, {})
    U2I2Rcens[row.user_id].setdefault(row.item_id, [])
    U2I2Rcens[row.user_id][row.item_id].append(rcen)
```

念のためデータの中身を確認してみましょう。user_id=2497 のユーザーについて U2I2Rcens の値を出力してみます。

```
U2I2Rcens[2497]
```

```
{400521 : [4, 2, 2, 2, 1] , 678277 : [4] , 687963 : [2] ,
178138 : [1]}
```

上記の出力は次のように解釈できます。

- item_id=400521 の商品は 4 日前に 1 回閲覧、2 日前に 3 回閲覧、1 日前に 1 回閲覧した
- item_id=678277 の商品は 4 日前に 1 回閲覧した
- item_id=687963 の商品は 2 日前に 1 回閲覧した
- item_id=178138 の商品は 1 日前に 1 回閲覧した

この情報から、freq と rcen の値を次のように算出できます。

- item_id=400521 の商品は閲覧数 5 回、直近で 1 日前に閲覧した
- item_id=678277 の商品は閲覧数 1 回、直近で 4 日前に閲覧した
- item_id=687963 の商品は閲覧数 1 回、直近で 2 日前に閲覧した
- item_id=178138 の商品は閲覧数 1 回、直近で 1 日前に閲覧した

次のコードを実行し、freq と rcen を追加したデータ UI2RF_df を作成しましょう。

```
Rows1 = []
for user_id, I2Rcens in U2I2Rcens.items():
    for item_id, Rcens in I2Rcens.items():
        freq = len(Rcens)
        rcen = min(Rcens)
        Rows1.append((user_id, item_id, rcen, freq))
UI2RF_df = pd.DataFrame (Rows1, columns= ['user_id', ⤵
'item_id', 'rcen', 'freq'])
print(len(UI2RF_df))
UI2RF_df.head()
```

204661

|   | user_id | item_id | rcen | freq |
|---|---------|---------|------|------|
| 0 | 4 | 205587 | 4 | 1 |
| 1 | 4 | 748683 | 4 | 1 |
| 2 | 4 | 790055 | 4 | 3 |
| 3 | 4 | 764638 | 4 | 2 |
| 4 | 4 | 492434 | 4 | 1 |

　204,661 件のデータが作成されました。3 行目のデータは user_id=4 であるユーザーが item_id=790055 の商品を直近から 4 日前に閲覧し、全部で 3 回閲覧したことを表しています。このデータに、7 月 8 日に商品を閲覧したかどうかのフラグ pv_flag も追加しましょう。

　まず、さきほど抽出した 7 月 8 日のデータ y_df の重複を取り除き、pv_flag のカラムを追加します。このとき、7 月 8 日にユーザーが閲覧した商品にフラグ 1 を立てます。

```
y_df = y_df.drop_duplicates()
print(len(y_df))
y_df['pv_flag'] = 1
y_df
```

29651

| | user_id | item_id | date | pv_flag |
|---|---|---|---|---|
| 103 | 94 | 603852 | 2015-07-08 | 1 |
| 104 | 94 | 28600 | 2015-07-08 | 1 |
| 105 | 94 | 987320 | 2015-07-08 | 1 |
| 106 | 94 | 109924 | 2015-07-08 | 1 |
| 107 | 94 | 886214 | 2015-07-08 | 1 |
| ⋮ | ⋮ | ⋮ | ⋮ | ⋮ |
| 325676 | 423919 | 707537 | 2015-07-08 | 1 |
| 325679 | 423919 | 692138 | 2015-07-08 | 1 |
| 325682 | 423919 | 617597 | 2015-07-08 | 1 |
| 325715 | 423958 | 963019 | 2015-07-08 | 1 |
| 325716 | 423958 | 299985 | 2015-07-08 | 1 |

　次に、データ UI2FR_df に user_id と item_id をキーとして y_df を
マージして、データ UI2RFP_df を作成しましょう。

```
UI2RFP_df = pd.merge(UI2RF_df, y_df[['user_id', 'item_
id', 'pv_flag']], how='left', on=['user_id', 'item_id'])
UI2RFP_df['pv_flag'].fillna(0, inplace=True)
print(len(UI2RFP_df))
UI2RFP_df.head()
```

```
204661
```

| | user_id | item_id | rcen | freq | pv_flag |
|---|---|---|---|---|---|
| 0 | 4 | 205587 | 4 | 1 | 0.0 |
| 1 | 4 | 748683 | 4 | 1 | 0.0 |
| 2 | 4 | 790055 | 4 | 3 | 0.0 |
| 3 | 4 | 764638 | 4 | 2 | 0.0 |
| 4 | 4 | 492434 | 4 | 1 | 0.0 |

　204,661 件のデータができあがりました。ここで、rcen と freq がどのような値をとるか確認しましょう。

```
print(sorted(UI2RFP_df['rcen'].unique()))
print(sorted(UI2RFP_df['freq'].unique()))
```

```
[1, 2, 3, 4, 5, 6, 7]
[1, 2, 3, 4, 5, 6, 7, 8, 9, 10, 11, 12, 13, 14, 15, 16, 17,
18, 19, 20, 21, 22, 23, 24, 25, 26, 27, 29, 31, 32, 34, 35,
41, 43, 58, 63, 118]
```

閲覧履歴が 7 月 1 日から 7 月 7 日までの期間で切れているため rcen は定義域が 1～7 となっている一方で、freq については、期間中何度でも商品を閲覧できるので最大値が 118 になっています。

　本書では、わかりやすさのため定義域を rcen との規模感に合わせ、freq が 7 以下となるようにフィルタリングし、本項の目標となるデータ tar_df を作成します。

```
tar_df = UI2RFP_df[UI2RFP_df['freq'] <= 7]
print(len(tar_df))
tar_df.head()
```

```
203456
```

| | user_id | item_id | rcen | freq | pv_flag |
|---|---|---|---|---|---|
| 0 | 4 | 205587 | 4 | 1 | 0.0 |
| 1 | 4 | 748683 | 4 | 1 | 0.0 |
| 2 | 4 | 790055 | 4 | 3 | 0.0 |
| 3 | 4 | 764638 | 4 | 2 | 0.0 |
| 4 | 4 | 492434 | 4 | 1 | 0.0 |

　対象となるデータは 203,456 件です。最後に `pv_flag` の規模感を確認して
おきましょう。

```
print(tar_df['pv_flag'].sum())
```

```
2038.0
```

　7 月 1 日から 7 月 7 日までの期間に閲覧された商品のなかで、7 月 8 日に再
閲覧された商品は 2,038 件あるようです。

　最後に、データが Recency と Frequency の単調性をもつことを確認しま
しょう。

　まずは rcen に対して、7 月 8 日に閲覧したか（pos）、閲覧しなかったか
（neg）についてクロス集計をします。

```
rcen_df = pd.crosstab(index=tar_df['rcen'], columns=tar_ ⮐
df['pv_flag'])
rcen_df = rcen_df.rename(columns = {0:'neg', 1:'pos'})
rcen_df
```

| pv_flag<br>rcen | neg | pos |
|---|---|---|
| 1 | 24595 | 571 |
| 2 | 24032 | 274 |
| 3 | 28212 | 326 |
| 4 | 30641 | 275 |
| 5 | 31510 | 225 |
| 6 | 31721 | 199 |
| 7 | 30707 | 168 |

各 rcen に対して総件数を N として、再閲覧確率 prob を算出してみましょう。

```
rcen_df['N'] = rcen_df['neg'] + rcen_df['pos']
rcen_df['prob'] = rcen_df['pos'] / rcen_df['N']
rcen_df[['prob']].plot.bar()
rcen_df
```

| pv_flag<br>rcen | neg | pos | N | prob |
|---|---|---|---|---|
| 1 | 24595 | 571 | 25166 | 0.022689 |
| 2 | 24032 | 274 | 24306 | 0.011273 |
| 3 | 28212 | 326 | 28538 | 0.011423 |
| 4 | 30641 | 275 | 30916 | 0.008895 |
| 5 | 31510 | 225 | 31735 | 0.007090 |
| 6 | 31721 | 199 | 31920 | 0.006234 |
| 7 | 30707 | 168 | 30875 | 0.005441 |

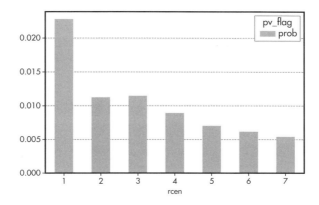

　上記の棒グラフから、rcen に対して再閲覧確率 prob が単調減少の傾向が
あることがわかります。すなわち、直近で閲覧した商品ほど再度閲覧されるこ
とが確認できました。

　次に、freq に対して、7 月 8 日に閲覧したか（pos）、閲覧しなかったか
（neg）についてクロス集計をとります。

```
freq_df = pd.crosstab(index=tar_df['freq'], columns=tar_ ⮐
df['pv_flag'])
freq_df = freq_df.rename(columns = {0:'neg', 1:'pos'})
freq_df
```

| pv_flag<br>freq | neg | pos |
|:---:|:---:|:---:|
| 1 | 161753 | 964 |
| 2 | 24938 | 476 |
| 3 | 7733 | 258 |
| 4 | 3527 | 149 |
| 5 | 1807 | 88 |
| 6 | 1038 | 63 |
| 7 | 622 | 40 |

各 freq に対して総件数を N として、再閲覧確率 prob を算出しましょう。

```
freq_df['N'] = freq_df['neg'] + freq_df['pos']
freq_df['prob'] = freq_df['pos'] / freq_df['N']
freq_df[['prob']].plot.bar()
freq_df
```

| freq \ pv_flag | neg | pos | N | prob |
|---|---|---|---|---|
| 1 | 161753 | 964 | 162717 | 0.005924 |
| 2 | 24938 | 476 | 25414 | 0.018730 |
| 3 | 7733 | 258 | 7991 | 0.032286 |
| 4 | 3527 | 149 | 3676 | 0.040533 |
| 5 | 1807 | 88 | 1895 | 0.046438 |
| 6 | 1038 | 63 | 1101 | 0.057221 |
| 7 | 622 | 40 | 662 | 0.060423 |

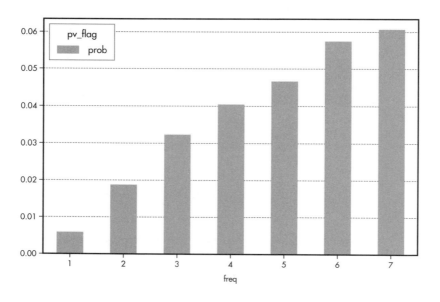

　上記の棒グラフから、`freq` に対して `prob` が単調増加の傾向があることが
わかります。すなわち、何度も閲覧した商品ほど再度閲覧されることが確認で
きました。

　以上から、対象とするデータにおいて、Recency と Frequency の単調性が
成立することがわかります。

# 7.4　数理モデリングと実装

　それでは、数理モデルの構築を始めます。

　前節では、閲覧履歴の要約となる `rcen` に対する再閲覧確率と、`freq` に対
する再閲覧確率の関係を集計して可視化し、データの傾向を掴みました。本節
では、`rcen` と `freq` に対して再閲覧確率を対応付ける関数を数理モデルとし
て構築します。

## ❶ 数理モデル

　前節では、`rcen` に対する再閲覧確率 `prob` の関係、および `freq` に対する
再閲覧確率 `prob` の関係をそれぞれ集計しました。本項では、`rcen` と `freq`
に対する再閲覧確率 `prob` の関係を集計します。以下では、引き続き `tar_df`
を利用します。

```
print(len(tar_df))
tar_df.head()
```

```
203456
```

| | user_id | item_id | rcen | freq | pv_flag |
|---|---|---|---|---|---|
| 0 | 4 | 205587 | 4 | 1 | 0.0 |
| 1 | 4 | 748683 | 4 | 1 | 0.0 |
| 2 | 4 | 790055 | 4 | 3 | 0.0 |
| 3 | 4 | 764638 | 4 | 2 | 0.0 |
| 4 | 4 | 492434 | 4 | 1 | 0.0 |

　まずは、rcen と freq に対する再閲覧確率 prob を前節と同様に集計によって求めます。

　次のカラムをもつデータ rf_df を作成します。

・**rcen**：rcen の値
・**freq**：freq の値
・**N**：rcen と freq のペアに対する総件数
・**pv**：rcen と freq のペアに対する再閲覧の件数
・**prob**：rcen と freq のペアに対する再閲覧確率

　本データを作成するためにデータ tar_df から次の 3 つの辞書を作成しておきます。

・rcen, freq のペアを指定すると該当する総件数を表す辞書 RF2N
・rcen, freq のペアを指定すると該当する再閲覧の件数を表す辞書 RF2PV
・rcen, freq のペアを指定すると該当する再閲覧確率を表す辞書 RF2Prob

　まずは、データ tar_df から辞書 RF2N と辞書 RF2PV を作成します。

```
RF2N = {}
RF2PV = {}
for row in tar_df.itertuples():
    RF2N.setdefault((row.rcen, row.freq), 0)
    RF2PV.setdefault((row.rcen, row.freq), 0)
    RF2N[row.rcen, row.freq] += 1
    if row.pv_flag == 1:
        RF2PV[row.rcen, row.freq] += 1
```

次に、辞書 RF2N と辞書 RF2PV から辞書 RF2Prob を作成します。

```
RF2Prob = {}
for rf, N in RF2N.items():
    RF2Prob[rf] = RF2PV[rf] / N
```

辞書 RF2N、RF2PV、RF2Prob を作成したところでデータ rf_df を作成します。

```
Rows3 = []
for rf, N in sorted(RF2N.items()):
    pv = RF2PV[rf]
    prob = RF2Prob[rf]
    row = (rf[0], rf[1], N, pv, prob)
    Rows3.append(row)
rf_df = pd.DataFrame(Rows3, columns = ['rcen', 'freq', ⤸
'N', 'pv', 'prob'])
print(len(rf_df))
rf_df.head()
```

49

|  | rcen | freq | N | pv | prob |
|---|---|---|---|---|---|
| 0 | 1 | 1 | 1960 | 245 | 0.012499 |
| 1 | 1 | 2 | 3323 | 132 | 0.039723 |
| 2 | 1 | 3 | 1120 | 81 | 0.072321 |
| 3 | 1 | 4 | 539 | 36 | 0.066790 |
| 4 | 1 | 5 | 285 | 36 | 0.126316 |

　rf_df は**縦持ち**のデータで直感的に理解しにくいので、確認のため**横持ち**
（**テーブル形式**と呼ぶ人もいます）のデータを表示させてみましょう。

```
rf_df.pivot_table(index='rcen', columns='freq', values
='prob')
```

| freq<br>rcen | 1 | 2 | 3 | 4 | 5 | 6 | 7 |
|---|---|---|---|---|---|---|---|
| 1 | 0.012499 | 0.039723 | 0.072321 | 0.066790 | 0.126316 | 0.112994 | 0.175000 |
| 2 | 0.005856 | 0.021189 | 0.026973 | 0.056645 | 0.066225 | 0.098765 | 0.063830 |
| 3 | 0.006107 | 0.023230 | 0.039621 | 0.053265 | 0.039427 | 0.054054 | 0.050420 |
| 4 | 0.005454 | 0.015366 | 0.024521 | 0.046901 | 0.036667 | 0.037838 | 0.018349 |
| 5 | 0.004376 | 0.015504 | 0.023673 | 0.014925 | 0.021898 | 0.028902 | 0.030612 |
| 6 | 0.004456 | 0.009848 | 0.024514 | 0.019569 | 0.008511 | 0.024793 | 0.025316 |
| 7 | 0.004256 | 0.009086 | 0.014056 | 0.023377 | 0.009091 | 0.020408 | 0.000000 |

　rcen を固定した際に freq が増加すると、prob の値も増加する傾向を確
認できますか？　また、freq を固定した際に rcen が増加すると prob の値
が減少する傾向を確認できますか？　全体として、傾向はありそうなものの、
必ずしもそうではない箇所もありそうです。

　念のため、rcen と freq に対する prob の関係を可視化してみましょう。
3D グラフを作成するために、いくつかライブラリをインポートします。

```
import numpy as np
from mpl_toolkits.mplot3d import Axes3D
import matplotlib.pyplot as plt
```

　rcen と freq に対する prob の 3D グラフを描画する次のコードを実行し
てください。3D グラフの作成は本書の主題ではないので、コードを写経する
つもりで実装してもかまいません。

```
Freq = rf_df['freq'].unique().tolist()
Rcen = rf_df['rcen'].unique().tolist()
Z = [rf_df[(rf_df['freq']==freq) & (rf_df['rcen']==rcen)] ↩
['prob'].iloc[0] for freq in Freq for rcen in Rcen]
Z = np.array(Z).reshape((len(Freq), len(Rcen)))
X, Y = np.meshgrid(Rcen, Freq)
fig = plt.figure()
ax = fig.add_subplot(111
                      , projection='3d'
                      , xlabel='rcen'
                      , ylabel='freq'
                      , zlabel='prob'
                      )
ax.plot_wireframe(X, Y, Z)
```

```
<mpl_toolkits.mplot3d.art3d.Line3DCollection at 0x1288af250>
```

　次ページに掲載している出力されたグラフを見ると、rcen と freq に対す
る prob の関係として Recency と Frequency の単調性の傾向があるものの、
ところどころ成り立たない箇所があるようです。ここでは「取り扱っている事
象が Frequency と Recency の単調性をもつが、次の 2 つの理由のため、とこ
ろどころ Frequency と Recency の単調性が成り立たない」と推測することが
できます。

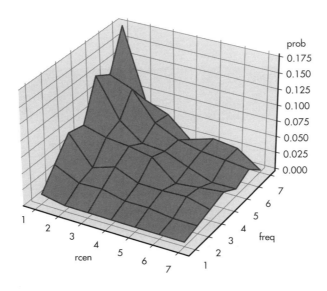

・データ量が少ないため

・データにノイズが含まれるため

　まず、1つめのように、実務では十分なデータが得られることは少ない点に注意しておきましょう。また、2つめのように、データにノイズが含まれる点についてはしっかり理解しておく必要があります。

　本書で取り扱っているデータは、2015年の7月1日から7月8日までの期間のものです。たとえばこの期間にTmallがキャンペーン施策をしていれば、rcenやfreqに対するprobの関係に影響を与えます。また、少なくとも曜日の影響は受けていることでしょう。本書では簡単のために2015年の7月1日から7月8日までの期間のデータを利用しましたが、実務で利用する場合には注意をしてください。

　さて、数理モデルの話に戻します。前のめりに読んでいる読者はすでに気づいていると思いますが、上記で作成したデータ rf_df は、rcen と freq に対して prob を対応づける関数となっています。つまり、rf_df こそが本項で目標としている数理モデルの1つになります。

## ❷ 数理最適化モデル

前項で構築した数理モデルは、Frequency と Recency の特性がところどころ満たされないことを述べました。そこで、Frequency と Recency の特性が成り立つような関数を構築するために、数理最適化モデルを利用します。

次のような要件を満たす数理最適化モデルを構築しましょう。

> **確率推定問題**
> ・**確率の推定**
> 　要件（**1**）rcen と freq に対して再閲覧確率 pred_prob を推定する
> ・**Recency：ユーザーは最近閲覧した商品に興味がある**
> 　要件（**2**）pred_prob は rcen について単調減少する
> ・**Frequency：ユーザーは何度も閲覧した商品に興味がある**
> 　要件（**3**）pred_prob は freq について単調増加する
> ・**推定した再閲覧確率と再閲覧確率の実績値との乖離を最小化する**
> 　要件（**4**）pred_prob と prob の二乗誤差を総件数の重み付きで最小化する

まず上記で定義する数理モデルを、本書では**凸二次計画問題**にモデリングします。凸二次計画問題とは、目的関数が凸な二次関数であり制約式が線形の不等式で書ける最適化問題のことを表し、具体的には次の目的関数と制約式で表されます。

> ・**制約式**：$Gx \leq h$
> ・**目的関数（最小化）**：$(1/2)x^{\mathrm{T}}Px + q^{\mathrm{T}}x$

ただし、式に現れる $G$、$h$、$P$、$q$ の説明は次のとおりです。

> ・**制約式の定義に利用するパラメータ**
> 　$G$：変数の係数行列
> 　$h$：定数項のベクトル
> ・**目的関数の定義に利用するパラメータ**
> 　$P$：変数の 2 次の項の係数行列
> 　$q$：変数の 1 次の項の係数ベクトル

ここで重要なことは、上記の $G$、$h$、$P$、$q$ を定義すれば凸二次計画問題を定義できることです。上記の問題を解くために、Python ライブラリ CVXOPT を利用します。

```
from cvxopt import solvers
```

　CVXOPT で凸二次計画問題を解くには、`cvxopt.solvers.qp(P, q, G, h)` コマンドを実行します。ここで `cvxopt.solvers.qp` の引数である G、h、P、q は、上記で定義した数理モデルの $G$、$h$、$P$、$q$ に当たります。以下の数理モデリングの実装では、この $G$、$h$、$P$、$q$ をそのまま G、h、P、q に実装します。本書では数理最適化問題を行列とベクトルを用いて表現するのははじめてなので、行列表現に慣れていない読者は、7.7 節「凸二次計画問題の行列表現の補足」も参考にしながら読むことをおすすめします。

　さて、手はじめに変数の準備を行いましょう。

**要件(1) rcen と freq に対して再閲覧確率 pred_prob を推定する**
　要件(1)の数理モデリングは次のようになります。

・**リスト**：rcen の範囲のリスト
　$R$（自然数全体）
・**リスト**：freq の範囲のリスト
　$F$（自然数全体）
・**変数**：rcen $r\,(\in R)$ と freq $f\,(\in F)$ に対応する再閲覧確率の推定値
　$pred\_prob_{r,f} \in [0, 1]$　$(r \in R, f \in F)$

　まず rcen の定義域のリスト R と freq の定義域のリスト F を定義します。

```
R = sorted(tar_df['rcen'].unique().tolist())
F = sorted(tar_df['freq'].unique().tolist())
print(R)
print(F)
```

```
[1, 2, 3, 4, 5, 6, 7]
[1, 2, 3, 4, 5, 6, 7]
```

　ここで数理モデルの $R$ と $F$ は自然数全体をとりますが、実装におけるリスト R と F はその部分集合であることに注意してください。

　次に変数を定義しますが、CVXOPT では変数ベクトルと積をとる行列やベクトルを直接定義するため、変数を明示的に定義する必要はありません。そのかわり、数理モデルにおける変数 $pred\_prob_{r,f}$ が何番目の変数か索引をつける必要があります。以下では変数の順番づけをするリスト Idx と、rcen $r$ と freq $f$ の値に対して索引 idx を対応づける辞書 RF2Idx を定義しています。

```python
Idx = []
RF2Idx = {}
idx = 0
for r in R:
    for f in F:
        Idx.append(idx)
        RF2Idx[r, f] = idx
        idx += 1
print(Idx)
print(RF2Idx)
```

```
[0, 1, 2, 3, 4, 5, 6, 7, 8, 9, 10, 11, 12, 13, 14, 15, 16,
17, 18, 19, 20, 21, 22, 23, 24, 25, 26, 27, 28, 29, 30, 31,
32, 33, 34, 35, 36, 37, 38, 39, 40, 41, 42, 43, 44, 45, 46,
47, 48]
{(1, 1): 0, (1, 2): 1, (1, 3): 2, (1, 4): 3, (1, 5): 4,
(1, 6): 5, (1, 7): 6, (2, 1): 7, (2, 2): 8, (2, 3): 9,
(2, 4): 10, (2, 5): 11, (2, 6): 12, (2, 7): 13, (3, 1):
14, (3, 2): 15, (3, 3): 16, (3, 4): 17, (3, 5): 18, (3,
6): 19, (3, 7): 20, (4, 1): 21, (4, 2): 22, (4, 3): 23,
(4, 4): 24, (4, 5): 25, (4, 6): 26, (4, 7): 27, (5, 1):
28, (5, 2): 29, (5, 3): 30, (5, 4): 31, (5, 5): 32, (5,
6): 33, (5, 7): 34, (6, 1): 35, (6, 2): 36, (6, 3): 37,
(6, 4): 38, (6, 5): 39, (6, 6): 40, (6, 7): 41, (7, 1):
42, (7, 2): 43, (7, 3): 44, (7, 4): 45, (7, 5): 46, (7,
6): 47, (7, 7): 48}
```

続けて、`pred_prob` の値域を制約式として定義しましょう。まず、次の3つの準備をしておきます。

- **`G_list`**：制約式に現れる変数の係数行列を作るためのリスト
- **`h_list`**：制約式に現れる定数項のベクトルを作るためのリスト
- **`var_vec`**：変数の係数行列を作成するためのデフォルトの変数の係数
　　　　　　　ベクトル

```
G_list = []
h_list = []
var_vec = [0.0] * len(Idx)
```

　`var_vec` は制約式や目的関数を定義する際にデフォルトで利用するベクトルで、要素がすべて0となっていることに注意してください。

　さて、数理モデルの実装を始めましょう。まず、`pred_prob` は確率なので、0以上1以下の値をとる変数であることを実装します。

```
# -pred_prob[r,f] <= 0 の実装
for r in R:
    for f in F:
        idx = RF2Idx[r,f]
        G_row = var_vec[:]
        G_row[idx] = -1 # pred_prob[r,f]の係数は-1
        G_list.append(G_row)
        h_list.append(0) # 右辺は定数項0

# pred_prob[r,f] <= 1 の実装
for r in R:
    for f in F:
        idx = RF2Idx[r,f]
        G_row = var_vec[:]
        G_row[idx] = 1 # pred_prob[r,f]の係数は1
        G_list.append(G_row)
        h_list.append(1) # 右辺の定数項は1
```

　数理最適化問題を行列やベクトルで定義する場合、制約式内で移項すること
で左辺に変数を寄せたり、右辺に定数項を寄せたりするケースが多いので注意
してください。

　次に、Recency の要件を定義します。

**要件(2)　pred_prob は rcen について単調減少する（Recency）**

　要件(2)の数理モデリングは次のようになります。

> ・Recency：pred_prob は rcen について単調減少する
>
> $pred\_prob_{r,f} \geq pred\_prob_{r+1,f} \qquad (r \in R, f \in F)$

　この要件を実装してみましょう。

```
# -pred_prob[r,f] + pred_prob[r+1,f] <= 0 の実装
for r in R[:-1]:
    for f in F:
        idx1 = RF2Idx[r,f]
        idx2 = RF2Idx[r+1,f]
        G_row = var_vec[:]
        G_row[idx1] = -1 # pred_prob[r,f]の係数は-1
        G_row[idx2] = 1  # pred_prob[r+1,f]の係数は 1
        G_list.append(G_row)
        h_list.append(0) # 右辺は定数項 0
```

　ここで、rcen の値が定義域の外に出ないように注意してください。それで
は、この調子で Frequency の性質も実装しましょう。

**要件(3)　pred_prob は freq について単調増加する（Frequency）**

　要件(3)の数理モデリングと実装は次のようになります。

> ・要件(3)　pred_prob は freq について単調増加する
>
> $pred\_prob_{r,f} \leq pred\_prob_{r,f+1} \qquad (r \in R, f \in F)$

```
# pred_prob[r,f] -pred_prob[r,f+1] <= 0 の実装
for r in R:
    for f in F[:-1]:
        idx1 = RF2Idx[r,f]
        idx2 = RF2Idx[r,f+1]
        G_row = var_vec[:]
        G_row[idx1] = 1  # pred_prob[r,f]の係数は1
        G_row[idx2] = -1 # pred_prob[r,f+1]の係数は-1
        G_list.append(G_row)
        h_list.append(0) # 右辺は定数項0
```

さて、残すところは目的関数の定義のみです。


**要件(4) pred_prob と prob の二乗誤差を総件数の重み付きで最小化する**

要件(4)の数理モデリングは次のようになります。

・**定数**：総件数

 $N_{r,f} \quad (r \in R, f \in F)$

・**定数**：再閲覧確率の実績値

 $prob_{r,f} \quad (r \in R, f \in F)$

・**推定する再閲覧確率と再閲覧確率の実績値との乖離を総件数の重み付き で最小化する**

 $\text{minimize} \quad \sum_{r \in R, f \in F} N_{r,f} \cdot (pred\_prob_{r,f} - prob_{r,f})^2$

まず、次の2つの準備をしておきます。

・**P_list**：目的関数の変数の2次の項の係数行列を作るためのリスト

・**q_list**：目的関数の変数の1次の項の係数ベクトルを作るためのリスト

```
P_list = []
q_list = []
```

さて、目的関数の実装を始めます。ここで

$$\sum_{r \in R, f \in F} N_{r,f} \cdot (pred\_prob_{r,f} - prob_{r,f})^2$$

$$= \sum_{r \in R, f \in F} (N_{r,f} \cdot pred\_prob_{r,f}^2 - 2 \cdot N_{r,f} \cdot prob_{r,f} \cdot pred\_prob_{r,f}$$

$$+ N_{r,f} \cdot prob_{r,f}^2)$$

であることに注意してください。変数 $pred\_prob_{r,f}$ の 2 次の項の係数は $N_{r,f}$ で、1 次の項の係数は $-2 \cdot N_{r,f} \cdot prob_{r,f}$ となり、$N_{r,f} \cdot prob_{r,f}^2$ は定数項なので最小化問題に影響を与えない項と考えることができます。

また、二次計画問題の定式化

$$\text{minimize} \quad \frac{1}{2} x^{\mathrm{T}} P x + q^{\mathrm{T}} x \quad s.t. \ Gx \leq h$$

において、$P$ に $1/2$ が掛けてあることに注意すると、もとの $P$ にはあらかじめ全体に 2 を掛ける必要があります。また「$s.t.$」は「$subject\ to$」の省略で、上記の定式化は「$Gx \leq h$ の条件のもとで $(1/2)x^{\mathrm{T}} P x + q^{\mathrm{T}} x$ を最小化せよ」という意味になります。

```
# N[r,f] * pred_prob[r,f]^2-2 * N[r,f] * pred_prob[r,f]  ↩
の実装
for r in R:
    for f in F:
        idx = RF2Idx[r,f]
        N = RF2N[r,f]
        prob = RF2Prob[r,f]
        P_row = var_vec[:]
        P_row[idx] = 2 * N # (1/2)を打ち消すために 2 を掛ける
        P_list.append(P_row)
        q_list.append(-2 * N * prob)
```

ひととおりのデータが集まったので、`cvxopt.solvers.qp(P, q, G, h)`を実行して求解してみましょう。まずは、得られたデータを行列形式に変換します。

```
inport cvxopt
G = cvxopt.matrix(np.array(G_list), tc='d')
h = cvxopt.matrix(np.array(h_list), tc='d')
P = cvxopt.matrix(np.array(P_list), tc='d')
q = cvxopt.matrix(np.array(q_list), tc='d')
```

cvxopt.matrix の引数 tc は type code の略であり、'd' は行列で扱う
値の型が double 型であることを表しています。それでは最適化計算を実行し
ましょう。

```
sol = cvxopt.solvers.qp(P, q, G, h)
status = sol['status']
status
```

```
      pcost           dcost        gap      pres     dres
 0: -5.2389e+01-1.0625e+02   4e+02    2e+00    1e-02
 1: -5.2153e+01-7.1273e+01   3e+01    5e-02    3e-04
 2: -5.2167e+01-5.9818e+01   1e+01    2e-02    1e-04
 3: -5.1831e+01-5.4852e+01   3e+00    2e-03    1e-05
 4: -5.1954e+01-5.2335e+01   4e-01    2e-04    1e-06
 5: -5.1980e+01-5.2002e+01   2e-02    4e-06    3e-08
 6: -5.1983e+01-5.1983e+01   8e-04    1e-07    7e-10
 7: -5.1983e+01-5.1983e+01   3e-05    2e-09    1e-11
Optimal solution found.
```

```
'optimal'
```

　sol['status'] により最適化計算の結果ステータスにアクセスすることが
できます。最適解が得られた場合、optimal が得られます。推定した再閲覧
確率の値を取得し、rcen と freq に対する推定した再閲覧確率の辞書
RF2PredProb を作成し、データ rf_df にカラムを追加してみましょう。

```
RF2PredProb = {}
X = sol['x']
for r in R:
    for f in F:
        idx = RF2Idx[r,f]
        pred_prob = X[idx]
        RF2PredProb[r,f] = pred_prob
rf_df['pred_prob'] = rf_df.apply(lambda x:RF2PredProb[x ↵
['rcen'], x['freq']], axis=1)
rf_df.head()
```

| | rcen | freq | N | pv | prob | pred_prob |
|---|---|---|---|---|---|---|
| 0 | 1 | 1 | 19602 | 245 | 0.012499 | 0.012499 |
| 1 | 1 | 2 | 3323 | 132 | 0.039723 | 0.039723 |
| 2 | 1 | 3 | 1120 | 81 | 0.072321 | 0.070524 |
| 3 | 1 | 4 | 539 | 36 | 0.066790 | 0.070524 |
| 4 | 1 | 5 | 285 | 36 | 0.126316 | 0.121212 |

　以上より最適化の結果を得ることができました。rcen と freq に対して pred_prob を対応付ける関数となっていることを確認してください。次節では、モデルの検証方法について解説していきます。

# 7.5　数理モデルの検証

　それでは、実装したモデルの検証を進めていきます。最適化ソルバーが算出した解について要件が満たされているか、解に偏りがないか集計や可視化して確認しましょう。本節では、前節で作成したデータ rf_df を利用します。検証を通して数理モデルをブラッシュアップしましょう。

## ❶ 数理モデルの確認

　まず、作成した数理モデルの確認をしていきます。データ rf_df は縦持ちのデータで確認しにくいので、横持ちのデータを表示させてみましょう。

```
rf_df.pivot_table(index='rcen', columns='freq', values=
'pred_prob')
```

| freq / rcen | 1 | 2 | 3 | 4 | 5 | 6 | 7 |
|---|---|---|---|---|---|---|---|
| 1 | 0.012499 | 0.039723 | 0.070524 | 0.070524 | 0.121212 | 0.121212 | 0.175000 |
| 2 | 0.005992 | 0.022278 | 0.033765 | 0.056645 | 0.066225 | 0.085938 | 0.085938 |
| 3 | 0.005992 | 0.022278 | 0.033765 | 0.048780 | 0.048780 | 0.052631 | 0.052632 |
| 4 | 0.005454 | 0.015436 | 0.024521 | 0.040302 | 0.040302 | 0.040302 | 0.040302 |
| 5 | 0.004417 | 0.015433 | 0.021029 | 0.021029 | 0.021903 | 0.028900 | 0.030615 |
| 6 | 0.004417 | 0.009848 | 0.021026 | 0.021026 | 0.021026 | 0.024746 | 0.025389 |
| 7 | 0.004256 | 0.009086 | 0.014056 | 0.017426 | 0.017426 | 0.017426 | 0.017426 |

　Recency と Frequency の単調性が成り立っていることを確認できますね。よりわかりやすく視覚的に確認するため、rcen と freq に対する pred_prob の 3D グラフを描画する次のコードを実行してください。

```
Freq = rf_df.freq.unique().tolist()
Rcen = rf_df.rcen.unique().tolist()
Z = [rf_df[(rf_df['freq']==freq) & (rf_df['rcen']==rcen)]
['pred_prob'].iloc[0] for freq in Freq for rcen in Rcen]
Z = np.array(Z).reshape((len(Freq), len(Rcen)))
X, Y = np.meshgrid(Rcen, Freq)
fig = plt.figure()
ax = fig.add_subplot(111
                    , projection='3d'
                    , xlabel='rcen'
                    , ylabel='freq'
                    , zlabel='pred_prob'
                    )
ax.plot_wireframe(X, Y, Z)
```

```
<mpl_toolkits.mplot3d.art3d.Line3DCollection at 0x128a9e220>
```

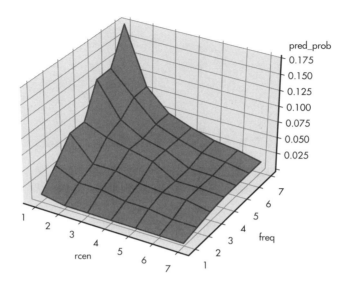

　Recency と Frequency の単調性を満たしていることが、一目瞭然ですね。
`pred_prob` が `rcen` について単調減少し、`freq` について単調増加する美し
いグラフを得ることができました。ぜひ 262 ページの最適化前のグラフと比
較してください。

### ❷ 数理モデルの適用

　さて、数理最適化モデルを解いたところで、当初の目的を思い出しましょ
う。この章の課題は、ユーザーがどの商品に興味があるかを定量化するという
ことでした。はじめに紹介した次のデータを思い出してください。

| day | 8/1 | 8/2 | 8/3 |
|---|---|---|---|
| item1 | 1pv | 3pv | 2pv |
| item2 | ─ | 2pv | ─ |
| item3 | ─ | ─ | 2pv |
| item4 | ─ | ─ | 1pv |

　このデータを具体的に作成し、ユーザーはどの item に興味があるのか計算
してみましょう。

```
Rows4 = [('item1', 1, 6)
        , ('item2', 2, 2)
        , ('item3', 1, 2)
        , ('item4', 1, 1)
        ]
sample_df = pd.DataFrame(Rows4, columns=['item_name', ↵
'rcen', 'freq'])
sample_df
```

|   | item_name | rcen | freq |
|---|-----------|------|------|
| 0 | item1 | 1 | 6 |
| 1 | item2 | 2 | 2 |
| 2 | item3 | 1 | 2 |
| 3 | item4 | 1 | 1 |

　データ sample_df に推定した再閲覧確率を含むデータ rf_df をマージし
ます。

```
pd.merge(sample_df, rf_df, left_on=['rcen', 'freq'], ↵
right_on=['rcen', 'freq'])
```

|   | item_name | rcen | freq | N | pv | prob | pred_prob |
|---|-----------|------|------|-----|-----|----------|-----------|
| 0 | item1 | 1 | 6 | 177 | 20 | 0.112994 | 0.121212 |
| 1 | item2 | 2 | 2 | 3162 | 67 | 0.021189 | 0.022278 |
| 2 | item3 | 1 | 2 | 3323 | 132 | 0.039723 | 0.039723 |
| 3 | item4 | 1 | 1 | 19602 | 245 | 0.012499 | 0.012499 |

　item2 の推定した再閲覧確率 pred_prob は 0.022278、item4 の推定し
た再閲覧確率 pred_prob は 0.012499 となりました。冒頭に「item2 と
item4 を比較すると、item2 は 2 日前に 2 回閲覧しており、item4 は 1 日前
に 1 回閲覧しているので、閲覧回数が多い商品と最近閲覧した商品のどちら

に興味があるか判別できない」と述べましたが、本結果より、item2 のほうが item4 よりユーザーの興味の度合いが強いことがわかりました。

### ❸ 数理モデルのブラッシュアップ

本項では、数理モデルのブラッシュアップを検討します。本章全体を通して、数理モデルには次の仮定をしてきました。

- **Recency に関する単調性**：ユーザーは最近閲覧した商品ほど興味がある
- **Frequency に関する単調性**：ユーザーは何度も閲覧した商品ほど興味がある

ここでは、さらに次の仮説をたてます。

- **Recency に関する凸性（下に凸）**
  過去に閲覧すればするほど、再閲覧確率の下降幅は逓減する
- **Frequency に関する凹性（上に凸）**
  閲覧数が増えれば増えるほど、再閲覧確率の上昇幅は逓減する

少しわかりにくいので具体的に解説します。まず Recency に関する凸性についてですが、rcen の値を大きくしていった場合、再閲覧確率は 0 に近づいていくと考えられます。このとき、十分大きな rcen の値では再閲覧確率の下降幅も 0 に収束していくと考えられます。たとえば、1 日前、2 日前、3 日前に閲覧した商品の再閲覧確率をそれぞれ $p1$、$p2$、$p3$ とすると、Recency の性質から

$$p1 \geq p2 \geq p3$$

となっており、再閲覧確率の下降幅 $p1 - p2$ と $p2 - p3$ に対して

$$p1 - p2 \geq p2 - p3$$

という性質がある、ということです。

次に Frequency に関する凹性について説明します。freq の値を大きくしていった場合、再閲覧確率は 1 に近づいていくと考えられます。このとき、十分大きな freq の値では再閲覧確率の上昇幅も 0 に収束していくと考えられます。より具体的には、閲覧回数 1 回、閲覧回数 2 回、閲覧回数 3 回の商品の再閲覧確率をそれぞれ $p1$、$p2$、$p3$ とすると、Frequency の単調性から

$p1 \geq p2 \geq p3$

となっており、再閲覧確率の上昇幅 $p2 - p1$ と $p3 - p2$ に対して

$p2 - p1 \geq p3 - p2$

という性質があるということです。

　実際にこの性質が成り立つのか確認してみましょう。まず、本章の前半で作成したデータ rcen_df を利用して prob の階差をとってみましょう。

```
rcen_df['prob'].diff().plot.bar()
rcen_df['prob'].diff()
```

```
rcen
1          NaN
2    -0.011416
3     0.000150
4    -0.002528
5    -0.001805
6    -0.000856
7    -0.000793
Name: prob, dtype: float64
```

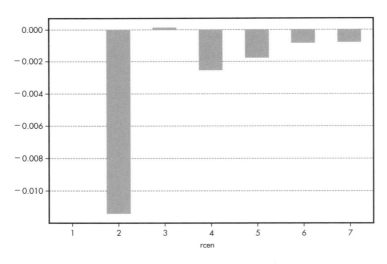

　一部では成り立たないものの、rcen が大きくなるにつれて、再閲覧確率の下降幅が小さくなる傾向がありそうです。次に、データ freq_df を利用して prob の階差をとってみましょう。

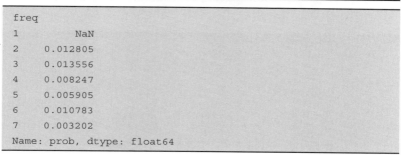

```
freq_df['prob'].diff().plot.bar()
freq_df['prob'].diff()
```

```
freq
1         NaN
2    0.012805
3    0.013556
4    0.008247
5    0.005905
6    0.010783
7    0.003202
Name: prob, dtype: float64
```

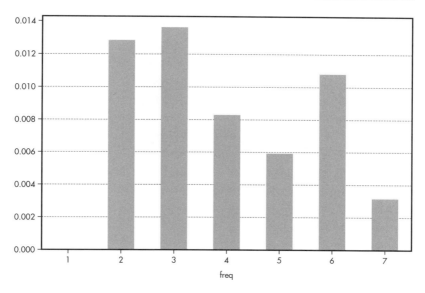

　こちらも一部では成り立たないものの、freq が大きくなるにつれて再閲覧確率の上昇幅が小さくなる傾向がありそうです。

　ここまでで、Recency の凸性と Frequency の凹性の性質が確認できました。実際に数理モデリングすると、次のようになります。

.........................................................................
· pred_prob は rcen について凸

$pred\_prob_{r+1,f} - pred\_prob_{r,f} \leq pred\_prob_{r+2,f} - pred\_prob_{r+1,f}$　$(r \in R, f \in F)$

· pred_prob は freq について凹

$pred\_prob_{r,f+1} - pred\_prob_{r,f} \leq pred\_prob_{r,f+2} - pred\_prob_{r,f+1}$　$(r \in R, f \in F)$
.........................................................................

制約式において移項に注意すると、実装は次のようになります。

```
# -pred_prob[r,f] + 2 * pred_prob[r+1,f] -pred_prob[r+ ↵
2,f] <= 0 の実装
for r in R[:-2]:
    for f in F:
        idx1 = RF2Idx[r,f]
        idx2 = RF2Idx[r+1,f]
        idx3 = RF2Idx[r+2,f]
        G_row = var_vec[:]
        G_row[idx1] = -1 # pred_prob[r,f]の係数は-1
        G_row[idx2] = 2  # pred_prob[r+1,f]の係数は2
        G_row[idx3] = -1 # pred_prob[r+2,f]の係数は-1
        G_list.append(G_row)
        h_list.append(0) # 右辺は定数項 0

# pred_prob[r,f] -2 * pred_prob[r,f+1] + pred_prob[r,f+2] ↵
<= 0 のモデリング
for r in R:
    for f in F[:-2]:
        idx1 = RF2Idx[r,f]
        idx2 = RF2Idx[r,f+1]
        idx3 = RF2Idx[r,f+2]
        G_row = var_vec[:]
        G_row[idx1] = 1  # pred_prob[r,f]の係数は1
        G_row[idx2] = -2 # pred_prob[r,f+1]の係数は-2
        G_row[idx3] = 1  # pred_prob[r,f+2]の係数は1
        G_list.append(G_row)
        h_list.append(0) # 右辺は定数項 0
```

　さきほど一度最適化計算を実行しているので、再定義しましょう。以下に最適化の実装コード全体を修正したものを掲載するので、次のコードを実行してください。

```
import cvxopt

R = sorted(tar_df['rcen'].unique().tolist())
F = sorted(tar_df['freq'].unique().tolist())


Idx = []
RF2Idx = {}
idx = 0
for r in R:
    for f in F:
        Idx.append(idx)
        RF2Idx[r, f] = idx
        idx += 1


G_list = []
h_list = []
var_vec = [0.0] * len(Idx)

# -pred_prob[r,f] <= 0 の実装
for r in R:
    for f in F:
        idx = RF2Idx[r,f]
        G_row = var_vec[:]
        G_row[idx] = -1 # pred_prob[r,f]の係数は-1
        G_list.append(G_row)
        h_list.append(0) # 右辺は定数項 0

# pred_prob[r,f] <= 1 の実装
for r in R:
    for f in F:
        idx = RF2Idx[r,f]
        G_row = var_vec[:]
        G_row[idx] = 1 # pred_prob[r, f]の係数は1
        G_list.append(G_row)
```

```
            h_list.append(1)  # 右辺の定数項は 1

# -pred_prob[r,f] + pred_prob[r+1,f] <= 0 の実装
for r in R[:-1]:
    for f in F:
        idx1 = RF2Idx[r,f]
        idx2 = RF2Idx[r+1,f]
        G_row = var_vec[:]
        G_row[idx1] = -1 # pred_prob[r,f]の係数は-1
        G_row[idx2] = 1   # pred_prob[r+1,f]の係数は 1
        G_list.append(G_row)
        h_list.append(0)  # 右辺は定数項 0

# pred_prob[r,f] -pred_prob[r,f+1] <= 0 の実装
for r in R:
    for f in F[:-1]:
        idx1 = RF2Idx[r,f]
        idx2 = RF2Idx[r,f+1]
        G_row = var_vec[:]
        G_row[idx1] = 1   # pred_prob[r,f]の係数は 1
        G_row[idx2] = -1 # pred_prob[r,f+1]の係数は-1
        G_list.append(G_row)
        h_list.append(0)  # 右辺は定数項 0

# -pred_prob[r,f] + 2 * pred_prob[r+1,f] -pred_prob[r+  ⤵
2,f] <= 0 の実装
for r in R[:-2]:
    for f in F:
        idx1 = RF2Idx[r,f]
        idx2 = RF2Idx[r+1,f]
        idx3 = RF2Idx[r+2,f]
        G_row = var_vec[:]
        G_row[idx1] = -1 # pred_prob[r,f]の係数は-1
        G_row[idx2] = 2  # pred_prob[r+1,f]の係数は 2
        G_row[idx3] = -1 # pred_prob[r+2,f]の係数は-1
        G_list.append(G_row)
        h_list.append(0)  # 右辺は定数項 0

# pred_prob[r,f] -2 * pred_prob[r,f+1] + pred_prob[r,f+2]  ⤵
<= 0 の実装
```

```
for r in R:
    for f in F[:-2]:
        idx1 = RF2Idx[r,f]
        idx2 = RF2Idx[r,f+1]
        idx3 = RF2Idx[r,f+2]
        G_row = var_vec[:]
        G_row[idx1] = 1  # pred_prob[r,f]の係数は 1
        G_row[idx2] = -2 # pred_prob[r,f+1]の係数は-2
        G_row[idx3] = 1  # pred_prob[r,f+2]の係数は 1
        G_list.append(G_row)
        h_list.append(0) # 右辺は定数項 0

P_list = []
q_list = []

# N[r,f] * pred_prob[r,f]^2 -2 * N[r,f] * prob[r,f] の実装
for r in R:
    for f in F:
        idx = RF2Idx[r,f]
        N = RF2N[r,f]
        prob = RF2Prob[r,f]
        P_row = var_vec[:]
        P_row[idx] = 2 * N # (1/2)を打ち消すために 2 を掛ける
        P_list.append(P_row)
        q_list.append(-2 * N * prob)

G = cvxopt.matrix(np.array(G_list), tc='d')
h = cvxopt.matrix(np.array(h_list), tc='d')
P = cvxopt.matrix(np.array(P_list), tc='d')
q = cvxopt.matrix(np.array(q_list), tc='d')

sol = cvxopt.solvers.qp(P, q, G, h)
status = sol['status']
print(status)
```

```
       pcost          dcost          gap      pres     dres
 0: -5.2387e+01-1.0684e+02    5e+02    2e+00    2e-02
 1: -5.2162e+01-7.3611e+01    5e+01    2e-01    1e-03
 2: -5.1452e+01-6.2961e+01    2e+01    4e-02    4e-04
 3: -5.1298e+01-5.5766e+01    6e+00    1e-02    8e-05
 4: -5.1190e+01-5.2365e+01    1e+00    1e-03    1e-05
 5: -5.1182e+01-5.1589e+01    4e-01    1e-04    1e-06
 6: -5.1206e+01-5.1382e+01    2e-01    5e-05    4e-07
 7: -5.1216e+01-5.1298e+01    8e-02    6e-06    5e-08
 8: -5.1223e+01-5.1241e+01    2e-02    1e-06    1e-08
 9: -5.1225e+01-5.1228e+01    2e-03    2e-16    6e-16
10: -5.1226e+01-5.1226e+01    7e-05    2e-16    4e-16
11: -5.1226e+01-5.1226e+01    1e-06    2e-16    2e-15
Optimal solution found.
optimal
```

　最適解が得られた場合、optimal が表示されます。推定した再閲覧確率の値を取得し、rcen と freq に対する推定した再閲覧確率の辞書 RF2PredProb2 を作成し、データ rf_df にカラムを追加してみましょう。

```
RF2PredProb2 = {}
X = sol['x']
for r in R:
    for f in F:
        idx = RF2Idx[r,f]
        pred_prob = X[idx]
        RF2PredProb2[r,f] = pred_prob
rf_df['pred_prob2'] = rf_df.apply(lambda x:RF2PredProb2 ⤶
[x['rcen'], x['freq']], axis=1)
rf_df.head()
```

|   | rcen | freq | N | pv | prob | pred_prob | pred_prob2 |
|---|------|------|------|-----|----------|-----------|------------|
| 0 | 1 | 1 | 19602 | 245 | 0.012499 | 0.012499 | 0.012499 |
| 1 | 1 | 2 | 3323 | 132 | 0.039723 | 0.039723 | 0.039723 |
| 2 | 1 | 3 | 1120 | 81 | 0.072321 | 0.070524 | 0.066240 |
| 3 | 1 | 4 | 539 | 36 | 0.066790 | 0.070524 | 0.087729 |
| 4 | 1 | 5 | 285 | 36 | 0.126316 | 0.121212 | 0.109218 |

　視覚的にも確認するため、rcen と freq に対する pred_prob の 3D グラフを描画する次のコードを実行してください。

```
Freq = rf_df['freq'].unique().tolist()
Rcen = rf_df['rcen'].unique().tolist()
Z = [rf_df[(rf_df['freq']==freq) & (rf_df['rcen']==rcen)] ↵
['pred_prob2'].iloc[0] for freq in Freq for rcen in ↵
Rcen]
Z = np.array(Z).reshape((len(Freq), len(Rcen)))
X, Y = np.meshgrid(Rcen, Freq)
fig = plt.figure()
ax = fig.add_subplot(111
                     , projection='3d'
                     , xlabel='rcen'
                     , ylabel='freq'
                     , zlabel='pred_prob2'
                     )
ax.plot_wireframe(X, Y, Z)
```

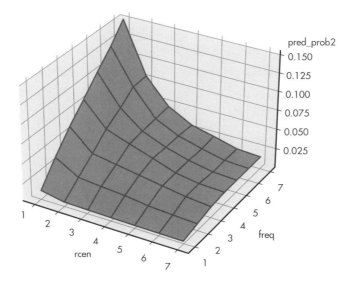

　Recency の凸性と Frequency の凹性を満たすことで、角がとれた美しいグラフを得ることができました。

さて、本書では数理最適化のテクニックを紹介するために Recency の凸性と Frequency の凹性の制約を追加しましたが、実務における制約の追加は慎重に行ってください。十分にデータがある場合、過度な制約の追加は扱っている事象から離れていく可能性があります。

また、本書ではモデルの評価方法について触れませんでしたが、一般的な機械学習の枠組みでも評価することができます。すなわち、データを学習データとテストデータに分割し、テストデータにおける予測精度でモデルを評価することができます。実際に実務で利用する場合には、施策や曜日の影響を考慮して、学習データとテストデータを作成する必要があることに注意してください。

さらに、実務においては、実際に機能をリリースしてユーザーの反応を確認するのが正しい評価方法になります。たとえば、商品推薦をした結果の **CTR**（クリック率：click through rate）、クリック数、およびユーザーの継続率（離脱率）などで評価することができます。

## 7.6 第7章のまとめ

本章では、商品推薦におけるユーザーの商品への興味のスコアリングを題材に数理最適化問題として定式化を行い、Python ライブラリ CVXOPT を利用して最適化モデルを実装しました。一連の実装を通して以下の点を学びました。

- ・入力データの基礎的な統計量を確認すること
- ・最適化問題の実装には行列やベクトルを用いる場合があること
- ・出力データ（最適化結果）を検証すること
- ・課題に気づき、解決方法を考え、数理モデルをブラッシュアップすること

最後に、商品推薦の文脈で大事なことを解説しておきます。本章で解いた最適化モデルを用いて商品推薦をする場合、ユーザーが過去に閲覧した商品しか推薦することはできません。しかし、本手法を利用した**協調フィルタリング**を利用することで、ユーザーが過去に閲覧したことがない商品も推薦することができます。協調フィルタリングについてここでは詳しく触れませんが、似てい

るユーザーが好む商品を推薦する方法です。

協調フィルタリングを利用するためには、ユーザーと商品の間に定義される評価値行列を作成する必要があります。評価値行列の要素は本章で扱った「Frequency」か「Recency」の片方を採用するケースがあります。しかし、本手法を用いることで「Frequency」か「Recency」の交互作用（両方の相乗効果のこと）を柔軟に表現することができます。興味のある読者は、ぜひ実装してみてください。

# 7.7　凸二次計画問題の行列表現の補足

ここまでの内容で、行列を利用した数理最適化モデルの定義のしかたを紹介しました。数理最適化モデルを行列で定義することは、たとえ専門家であっても、注意深く確認しなければ符号を逆転させてしまったりして間違った制約式を定義してしまいます。本節では補足として、行列を利用した数理最適化モデルを小さな問題に限定して、具体的に解説します。なお、ここまで解説してきた数理モデルと同じノーテーションを使います。

以下では問題を簡略化して freq に対応する変数 $x_1$、$x_2$、$x_3$ だけの問題を考えます。それぞれの再閲覧確率を

- $p_1 = 0.1$
- $p_2 = 0.15$
- $p_3 = 0.25$

とし、それぞれの総件数を

- $N_1 = 100$
- $N_2 = 50$
- $N_3 = 10$

とすると、次の二次計画問題が与えられます。

　上記の問題は、のちに定義する行列とベクトルの要素に対応する形で次のように書き換えることができます。たとえば、制約式は不等式の左辺に変数を集め、右辺に定数を集める形で書き換えることができます。左辺の各変数の係数を明示することであとで定義する行列 $G$ の要素と対応することに注意してください。

- **freq** の単調性

$1 \cdot x_1 + (-1) \cdot x_2 + 0 \cdot x_3 \leq 0$

$0 \cdot x_1 + 1 \cdot x_2 + (-1) \cdot x_3 \leq 0$

- **freq** の凹性 (上に凸)

$1 \cdot x_1 + (-2) \cdot x_2 + 1 \cdot x_3 \leq 0$

- 誤差最小化 （目的関数の定数項は $x_1, x_2, x_3$ に影響を与えないので削除）

$$\frac{1}{2}(2 \cdot 100 x_1^2 + 2 \cdot 50 x_2^2 + 2 \cdot 10 x_3^2)$$

$$+ (-2 \cdot 100 \cdot 0.1 x_1 - 2 \cdot 50 \cdot 0.15 \cdot x_2 - 2 \cdot 10 \cdot 0.25 \cdot x_3)$$

さて、ここで二次計画問題の定式化

$$\text{minimize} \ \frac{1}{2} x^\mathsf{T} P x + q^\mathsf{T} x \qquad s.t. \qquad Gx \leq h$$

を意識しつつ、上記の問題を行列で表現します。まず、制約 $Gx \leq h$ を表現することを考えます。上記の「行列表現にもちこむための凸二次計画問題」を参考にし

$$G = \begin{pmatrix} -1 & 0 & 0 \\ 1 & 0 & 0 \\ 0 & -1 & 0 \\ 0 & 1 & 0 \\ 0 & 0 & -1 \\ 0 & 0 & 1 \\ 1 & -1 & 0 \\ 0 & 1 & -1 \\ 1 & -2 & 1 \end{pmatrix}$$

$$x = \begin{pmatrix} x_1 \\ x_2 \\ x_3 \end{pmatrix}$$

$$h = \begin{pmatrix} 0 \\ 1 \\ 0 \\ 1 \\ 0 \\ 1 \\ 0 \\ 0 \\ 0 \end{pmatrix}$$

とおけば、$Gx \leq h$ が表現されていることが確認できます。このとき、行列 $G$ は行が 1 つの制約式に、列が変数に対応することに注意してください。また、各制約（行）の右辺の定数項が $h$ の行に対応します。

次に $(1/2)x^{\mathrm{T}}Px + q^{\mathrm{T}}x$ を表現することを考えます。上記の「行列表現にもちこむための凸二次計画問題」を参考にし

$$P = \begin{pmatrix} 2 \cdot 100 & 0 & 0 \\ 0 & 2 \cdot 50 & 0 \\ 0 & 0 & 2 \cdot 10 \end{pmatrix}$$

$$x = \begin{pmatrix} x_1 \\ x_2 \\ x_3 \end{pmatrix}$$

$$q = \begin{pmatrix} -2 \cdot 100 \cdot 0.1 \\ -2 \cdot 50 \cdot 0.15 \\ -2 \cdot 10 \cdot 0.25 \end{pmatrix}$$

とおけば

$$\frac{1}{2}x^{\mathrm{T}}Px = 100x_1^2 + 50x_2^2 + 10x_3^2$$

$$q^{\mathrm{T}}x = -2 \cdot 100 \cdot 0.1 x_1 - 2 \cdot 50 \cdot 0.15 \cdot x_2 - 2 \cdot 10 \cdot 0.25 \cdot x_3$$

が表現されていることが確認できます。よって、上記の行列表現を参考にすると、以下のようにして凸二次計画問題を実装して解くことができます。

```python
import numpy as np
import cvxopt


G_list = [[-1, 0, 0]
          ,[ 1, 0, 0]
          ,[ 0,-1, 0]
          ,[ 0, 1, 0]
          ,[ 0, 0,-1]
          ,[ 0, 0, 1]
          ,[ 1,-1, 0]
          ,[ 0, 1,-1]
          ,[ 1,-2, 1]
]


h_list = [0
          ,1
          ,0
          ,1
          ,0
          ,1
          ,0
          ,0
          ,0]


P_list = [[2*100 ,0     ,0   ]
          ,[0      ,2*50 ,0    ]
          ,[0      ,0      ,2*10]
]


q_list = [-2 * 100 * 0.1
          ,-2 * 50 * 0.15
          ,-2 * 10 * 0.25
          ]


G = cvxopt.matrix(np.array(G_list), tc='d')
h = cvxopt.matrix(np.array(h_list), tc='d')
P = cvxopt.matrix(np.array(P_list), tc='d')
q = cvxopt.matrix(np.array(q_list), tc='d')
```

```
sol = cvxopt.solvers.qp(P, q, G, h)
status = sol['status']
print('status:',status)


X = sol['x']
for x in X:
    print('x:',x)
```

```
        pcost          dcost        gap    pres    dres
 0: -2.7425e+00  -6.4628e+00  2e+01  2e+00  2e-01
 1: -2.6356e+00  -4.4661e+00  2e+00  3e-16  1e-16
 2: -2.7282e+00  -2.8191e+00  9e-02  2e-16  1e-16
 3: -2.7361e+00  -2.7394e+00  3e-03  1e-16  1e-16
 4: -2.7368e+00  -2.7369e+00  3e-05  2e-16  8e-17
 5: -2.7368e+00  -2.7368e+00  3e-07  6e-17  7e-17
Optimal solution found.
status: optimal
x: 0.09736840835953961
x: 0.16052635585676464
x: 0.22368416017154527
```

　本章の本編では変数のインデックス化の部分が複雑に見えますが、行っていることは上記と同じです。

# Appendix 利用関数・メソッド一覧

| 分類 | クラス・モジュール | クラス・メソッド・関数など | 意味（本書での使い方） |
|---|---|---|---|
| データ処理 | pandas (pd) | pd.read_csv | csv 形式のファイルを読み込む |
| | | pd.concat | データフレームを結合する |
| | | pd.crosstab | クロス集計をとる |
| | | pd.DataFrame | リストなどからデータフレームを生成する |
| | | pd.Series | データフレームの列を構成する1次元配列(シリーズ) |
| | pd.DataFrame (df) | df.head | データフレームの先頭の内容を表示する（デフォルトで5行表示） |
| | | df.shape | データフレームの行数、列数を表示する |
| | | df.drop_duplicates | データフレームで重複している行を取り除く |
| | | df.fillna | 欠損値を指定した値で埋める |
| | | df.apply | データフレームの各行に関数を適用する |
| | | df.iloc | 行番号で行を参照する |
| | | df.loc | 行・列の key で要素を参照する |
| | | df.merge | 2つのデータフレームを結合する |
| | | df.iterrows | データフレームの各行を pd.Series として取得する |
| | | df.itertuples | データフレームの各行を namedtuples として取得する |
| | | df.to_dict | 索引をキーとした辞書を作成する |
| | | df.groupby | データフレームを指定したカラムでグループ化する |
| | | df.copy | データフレームをコピーする |
| | | df.dtypes | データ型を確認する |
| | | df.set_index | 指定したカラムで索引を作成する |
| | | df.reindex | インデックスを設定する |
| | | df.rename | 列名を変更する |
| | | df.pivot_table | 縦持ちのデータを横持ちに展開する |
| | pd.Series (df['x']) | df['x'].tolist | リストに変換する |
| | | df['x'].describe | 各種統計量を確認する |
| | | df['x'].max | 最大値をとる |
| | | df['x'].min | 最小値をとる |
| | | df['x'].mean | 平均をとる |
| | | df['x'].sum | 和をとる |
| | | df['x'].count | 数え上げる |
| | | df['x'].rank | 順位をつける |
| | | df['x'].map | 関数や辞書を適用する |
| | | df['x'].unique | 一意な要素を抽出する |
| | | df['x'].diff | 階差をとる |

| | | | |
|---|---|---|---|
| 数理<br>最適化 | pulp | pulp.LpProblem | 数理モデルを定義する |
| | | pulp.LpMaximize | 数理モデルを定義する際に最大化を指定する(定数) |
| | | pulp.LpMinimize | 数理モデルを定義する際に最小化を指定する(定数) |
| | | pulp.LpVariable | 変数を定義する |
| | | pulp.LpVariable.<br>dicts | 変数をまとめて定義する |
| | | pulp.lpSum | 加算する |
| | | problem.solve | LpProblem で定義した数理モデルのインスタンス problem を解き、ステータスコードを返す |
| | | pulp.LpStatus | ステータスコードと最適化結果を紐付ける(辞書)<br>{0：'Not Solved',1：'Optimal',-1：'In-feasible',-2：'Unbounded',-3：'Unde-fined'} |
| | | problem.<br>objective.value | LpProblem で定義した数理モデルのインスタンス problem の目的関数の値を参照する |
| | | x.value | LpVariable の変数インスタンス x の値を参照する |
| | cvxopt | cvxopt.solvers.qp | 凸二次計画問題を解く |
| | | cvxopt.matrix | 行列を定義する |
| 科学<br>技術<br>計算 | numpy<br>(np) | np.array | 配列を生成する |
| | | np.reshape | 配列を行列に変換する |
| | | np.meshgrid | 配列から格子列を生成する |
| | | np.random.seed | 乱数のシードを設定する |
| | | np.random.normal | 正規分布に従う乱数を生成する |
| | | np.random.choice | 与えられた array などからランダムに要素を選択する |
| | | np.random.gamma | ガンマ分布に従う乱数を生成する |
| | | np.floor | 天井関数を適用する<br>(実数に対しそれ以上の最小の整数を対応づける) |
| | | np.ceil | 床関数を適用する<br>(実数に対しそれ以下の最大の整数を対応づける) |
| | | np.linalg.norm | ベクトルのノルムを計算する |
| API<br>開発 | flask | Flask | Flask のアプリケーションを作成する |
| | | make_response | レスポンスオブジェクトを作成する |
| | | redirect | 元のページに戻る(リダイレクト) |
| | | render_template | HTML ファイルをレンダリングする |
| | | request | リクエストデータを取得する |
| | | @app.route | Flask のアプリケーション app でルーティングを行い、関数を URL に紐付ける(デコレータ) |

# おわりに

　最後まで読み進めていただきありがとうございます。もしくは「おわりに」から読み始めていただきありがとうございます。

　本書は 2019 年 1 月にオーム社の津久井さまから執筆のご依頼を受けて実現しました。本来、2019 年のうちに出版したかったのですが、あれやこれやで 2 年ほど出版が遅れてしまいました。その間、粘り強く執筆を支えていただいた関係者の皆さまには感謝の気持ちでいっぱいです。一方、その期間に数理最適化の良書がいくつも出版され、産業界でも数理最適化の技術が注目されるようになったことを考えると、ちょうどよいタイミングで本書を出版できることになり、とても運がよかったと前向きに捉えています。

　執筆の相談を受けた際、Python を使った数理最適化の書籍を書かないかという依頼だったのですが、せっかくの機会なのだからありふれたことを書くのではなく、新しい価値を提供したいと思いました。具体的には数理最適化についての書籍ではなく、社会課題を数理最適化の技術を使って解決することを目指した書籍にしたいということです。そのため、執筆メンバーは実務をよく知っていて、現場で手を動かしている人たちがよいと思い、産業界で活躍している 3 人（ALGORITHMIC NITROUS 株式会社　石原響太氏、株式会社リクルート　西村直樹氏、株式会社ディー・エヌ・エー　田中一樹氏）に共著の依頼をしました。3 人とも今回の企画を丁寧にお伝えしたところ、多忙ながらもご快諾いただきました。彼らの協力のおかげで本書は数理最適化の専門書ではなく、身近な問題を扱った実用書に書き上げることができました。

　本書は数理最適化を実務に適用することを目指した入門書です。この先、数理最適化エンジニアとして仕事をするために学ぶことは山ほどあります。数理最適化に関わる仕事をしていて最も困るのは、解こうとしている問題が解けないときであり、相当なプレッシャーがかかります。このような状況下で解けない原因を特定し、次の一手を考えられるエンジニアになるためには実直に学ぶしかありません。

　多くのプロジェクトではあらかじめすべての要件を洗い出すことは困難であり、さまざまなデータで実験し、最適化の結果を眺めながら数理モデルの見直しをします。プロジェクトが進行するに従って想定と異なる要件が増えることは日常茶飯事で、データ変更や制約追加によって問題が解けなくなることは往々にして起こります。多くの場合、数理最適化モデルの表現の可否と計算時間の問題に帰着されます。そのため、数理最適化問題のクラスとそのモデルの表現方法について隅々まで学ぶことに加え、アルゴリズムや計算量、ソルバーの癖についても学ぶ必要があります。

　また、数理最適化の技術を使ったモジュールをシステムに組み込む際にはプログラマーとしてのスキル、たとえばエラーハンドリングの実装やテストに対する理解も必要になります。プログラマーとしての教育を受けていないと、最適化プログラムをシステムに組み込んだ際に不具合が頻発して苦労することでしょう。

　最後に、数理最適化エンジニアとして仕事をする心構えについて言及しておきます。プロとして仕事をするには、自身が実装した数理最適化の仕組みについて理論的な説明責任とプログラムの説明責任を果たすことが最低条件です。しかし、欲を言えばプロジェクト全体で最適化を目指し、チーム戦ができるエンジニアを目指すべきです。

　多くの数理最適化エンジニアは、自身の抱える問題の最適化ばかりを意識してしまい、システム全体（インフラや業務オペレーションなど関係するものすべて）で解決することを忘れてしまうミスに陥ります。その結果、部分的に最適解が得られるもののシステム全体で局所解に陥ってしまうことが起こります。エンジニアが目の前にある問題からシステム全体の問題に意識が向けることができれば、ステークホルダーとコミュニケーションをとる必要が生じ、必然的にチーム戦が始まります。本書を手にとった皆さんのなかから、このようなチーム戦で成果を出せる数理最適化エンジニアのプロが生まれることを期待しています。

　2021 年 8 月

岩 永 二 郎

## 推薦図書

**数理モデルと理論について学びたい場合**
・梅谷俊治『しっかり学ぶ数理最適化　モデルからアルゴリズムまで』講談社
（2020）

**工学としてきちんと理論を学びたい場合**
・矢部博『工学基礎　最適化とその応用』数理工学社（2006）

**本書よりも少し理論的な実務書が読みたい場合**
・穴井宏和、斉藤努『今日から使える！組み合わせ最適化　離散問題ガイドブック』
講談社（2015）
・藤澤克樹、梅谷俊治『応用に役立つ 50 の最適化問題』朝倉書店（2009）

**商用ソルバーと Python を利用して実問題を解きたい場合**
・久保幹雄、J.P. ペドロソ、村松正和、A. レイス『あたらしい数理最適化　Python
言語と Gurobi で解く』近代科学社（2012）

**さまざまな数理計画問題について知りたい場合**
・H.P. ウィリアム著、小林英三訳『数理計画モデルの作成法』産業図書（1995）

**アルゴリズムやデータ構造が知りたい場合**
・大槻兼資著、秋葉拓哉監修『問題解決力を鍛える！アルゴリズムとデータ構造』講
談社（2020）

**数理最適化に関連する用語を調べたい場合**
・数理計画用語集（株式会社 NTT データ数理システム）：
http://www.msi.co.jp/nuopt/glossary/index.html

**数理最適化の例題を解きたい場合**
・Numerical Optimizer SIMPLE 例題集 V23（株式会社 NTT データ数理システム）：
https://www.msi.co.jp/nuopt/docs/v23/examples/html/01-00-00.html

**第7章「商品推薦のための興味のスコアリング」をより詳しく知りたい場合**

**▼原論文**

・J. Iwanaga, N. Nishimura, N. Sukegawa, and Y. Takano. "Estimating product-choice probabilities from recency and frequency of page views", Knowledge-Based Systems, 99, pp. 157-167（2016）

**▼商品の多様性を考慮した数理モデルへの拡張**

・N. Nishimura, N. Sukegawa, Y. Takano, and J. Iwanaga. "A latent-class model for estimating product-choice probabilities from clickstream data", Information Sciences, 429, pp. 406-420（2018）

**▼協調フィルタリングへの応用**

・J. Iwanaga, N. Nishimura, N. Sukegawa, and Y. Takano. "Improving collaborative filtering recommendations by estimating user preferences from clickstream data", Electronic Commerce Research and Applications, 37,100877（2019）

**▼ Frequency と Recency の定義をより精緻にした数理モデルへの拡張**

・N. Nishimura, Y. Takano, N. Sukegawa, and J. Iwanaga. "Estimating product-choice probabilities from sequences of page views", arXiv preprint, arXiv：2004.08519（2020）

**データサイエンティストについて知りたい場合**

・岩永二郎「ビジネスでインパクトが出せるデータサイエンティストになるには」経営システム、28（2）、pp. 127-132（2019）
・岩永二郎「データサイエンティストが実務で経験すべきこと」日本ソーシャルデータサイエンス学会、3（1）、pp. 17-22（2019）

**数理最適化を学ぶための基礎知識である線形代数から学習したいとき**

・齋藤正彦『基礎数学1 線形代数入門』東京大学出版会（1966）
・齋藤正彦『基礎数学4 線形代数演習』東京大学出版会（1985）

# 索引

# 著者紹介

**岩永 二郎**（いわなが・じろう）

株式会社エルデシュ代表取締役。

2008 年早稲田大学大学院修士課程修了。2021 年筑波大学大学院博士課程修了。博士（社会工学）。2008 年株式会社数理システム（現株式会社 NTT データ数理システム）、2016 年 Retty 株式会社を経て 2019 年より株式会社エルデシュ代表取締役。早稲田大学データサイエンス研究所招聘研究員。上智大学非常勤講師。筑波大学非常勤講師。2014 年日本オペレーションズ・リサーチ学会事例研究賞受賞。国内のデータ解析コンペティションでは 3 度の受賞。専門は数理最適化、機械学習、自然言語処理。データサイエンスの社会実装を得意とし、最近ではデータビジネス事業に興味をもっている。


**石原 響太**（いしはら・こうた）

ALGORITHMIC NITROUS 株式会社代表取締役。

東京大学大学院情報理工学系研究科数理情報学専攻修了。NTT データ数理システム、PKSHA Technology でアルゴリズム開発・数理最適化技術を応用したビジネスソリューションの開発に従事。2018 年 ALGORITHMIC NITROUS 株式会社を設立。事業会社に対して数理最適化等の技術提供や技術コンサルティングを行っている。


**西村 直樹**（にしむら・なおき）

株式会社リクルート所属。

2015 年東京工業大学大学院社会理工学研究科修士課程修了。2020 年筑波大学大学院システム情報工学研究科博士後期課程修了。博士（社会工学）。2015 年株式会社リクルートホールディングス入社。2020 年度より筑波大学理工情報生命学術院非常勤講師、東京工業大学情報理工学院非常勤講師。おもにウェブサービスでの数理最適化施策の推進に従事。


**田中 一樹**（たなか・いっき）

株式会社ディー・エヌ・エー所属、データサイエンティスト。

2017 年慶應義塾大学大学院修士課程修了。修士（工学）。ゲーム領域を中心とした機械学習／AI の応用を楽しんでいる。ゲーム以外のエンタメ・サービス領域における新規案件開拓にも日々奔走。国内外のデータ分析コンペティションで優勝・入賞の経験をもつ。Kaggle Master。最近ついに FINAL FANTASY VII REMAKE のプレイ開始。「速習強化学習」（共著、共立出版）「Practical Developers」（共著、技術評論社）。

本文イラスト：石川ともこ

**Pythonではじめる数理最適化**
—ケーススタディでモデリングのスキルを身につけよう—

2021 年 9 月 20 日　　第 1 版第 1 刷発行

著　　者　岩永二郎・石原響太・西村直樹・田中一樹
発 行 者　村上和夫
発 行 所　株式会社 オーム社
　　　　　郵便番号　101-8460
　　　　　東京都千代田区神田錦町 3-1
　　　　　電話　03(3233)0641(代表)
　　　　　URL　https://www.ohmsha.co.jp/

© 岩永二郎・石原響太・西村直樹・田中一樹 2021

印刷・製本　三美印刷
ISBN978-4-274-22735-6　Printed in Japan

**本書の感想募集**　https://www.ohmsha.co.jp/kansou/
本書をお読みになった感想を上記サイトまでお寄せください。
お寄せいただいた方には、抽選でプレゼントを差し上げます。